最有妈妈味的家常面

杨桃美食编辑部 主编

江苏凤凰科学技术出版社

图书在版编目（CIP）数据

最有妈妈味的家常面 / 杨桃美食编辑部主编 . -- 南京 : 江苏凤凰科学技术出版社 , 2015.10（2019.4 重印）

（食在好吃系列）

ISBN 978-7-5537-4938-9

Ⅰ . ①最… Ⅱ . ①杨… Ⅲ . ①面条 – 食谱 Ⅳ . ① TS972.132

中国版本图书馆 CIP 数据核字 (2015) 第 148878 号

最有妈妈味的家常面

主　　编	杨桃美食编辑部
责任编辑	张远文　葛　昀
责任监制	曹叶平　方　晨
出版发行	江苏凤凰科学技术出版社
出版社地址	南京市湖南路 1 号 A 楼，邮编：210009
出版社网址	http://www.pspress.cn
印　　刷	天津旭丰源印刷有限公司
开　　本	718mm × 1000mm　1/16
印　　张	10
插　　页	4
版　　次	2015年10月第1版
印　　次	2019年4月第2次印刷
标准书号	ISBN 978-7-5537-4938-9
定　　价	29.80元

图书如有印装质量问题，可随时向我社出版科调换。

Preface | 序言

传统主食是餐桌上不可或缺的，是人体能量的重要来源。中国人常食用的主食有米饭、面条、水饺、馒头等谷类、薯类制品，它们含有丰富的碳水化合物，为人体活动与生理机能提供重要的营养补给，碳水化合物在人体能量结构中有着举足轻重的作用。

部分人认为主食吃多了容易发胖，尤其是大多数爱美女性，为了保持身材苗条，以少吃或不吃主食作为减肥的基本方法之一，其实不然，主食中虽然含有较多碳水化合物，但不足以构成人体肥胖的必要条件。反而，若碳水化合物长期摄入不足，尤其是在紧张、忙碌的脑力工作后，或是做一些消耗体力的运动之后，人体就会感觉疲劳、乏力。

面条在中国人常吃的主食中，算是制作简单、食用方便、营养丰富的食品，它不像米饭，后者不仅需要煮20分钟才能煮熟，还要准备“三菜一汤”式的佳肴美馔搭配食用，方能填饱肚子。简单的面条，例如阳春面，将面条放入沸水中煮熟后，再烫一些蔬菜做配料即可，只需几分钟，就能享用一碗热气腾腾的面食。就算做上一碗具有中国特色的红烧牛肉面，也无须花费较长时间，只要准备好红烧牛肉汤头，再烫好面条、煮好配料，简单的几步即可完成。更不需要再花费时间烹饪菜肴，一碗面条就能满足人们的口腹之欲。

面条是用谷物或豆类研磨成粉状，再加水和成面团后，通过压、擀、揉、拉、捏、挤等方式制成，有利于人体消化吸收。经过煮沸后的面条，相对于其他食品而言较为干净，所以经常食用面条，还能帮助我们养护胃肠道，是日常生活中既易得又简单的养生食品。

面条种类五花八门，不仅可以根据个人喜好选择食用，不同特色的面也能做出风味各异的面条。

根据外观的不同，面条可分为宽面、中宽面、细面、面片、面疙瘩等；根据制作面条时的主要用料不同，面条可分为阳春面、面线、油面、鸡蛋面、意面、拉面、蔬菜面，以及韩式冷面、意大利面、乌冬面等。

若想要制作鲜香味浓的汤面，可选择使用的面条种类较多，常用的有阳春面、拉面、鸡蛋面；若想要制作美味炒面，最常选用的是油面、鸡蛋面，因为油面弹性较好，炒的过程中不容易碎；制作意大利面时，一般都选用几种常见的意大利面条，如意大利圆直面、通心面、意大利千层面等。对于喜爱吃面的人来说，可以尝试多种面条，做出不同口感的面，不论是蛤蜊肥牛面、什锦汤面，还是韩国炒面、豚骨拉面等，都会是您厨房里常见的美食。

面条烹饪手法多种多样，使得面条饮食文化也更加丰富多彩，不同地区根据各自的风土人情和饮食习惯，逐步发展出独具风味的特色面食。如老北京炸酱面、兰州拉面、山西刀削面、陕西油泼面、河北捞面、上海阳春面、四川担担面、扬州炒面等。对于具有浓郁意大利风情的意大利面、通心面，以及滑嫩爽口的日本乌冬拉面、韩国炒面，在中国也已风靡至今。

本书在面条大师的指导下，汇集国内外经久不衰、广受喜爱的100多种经典面食，有滋心暖胃的营养汤面，汁香味浓的拌面炒面，以及别有风味的意大利面、日韩面，并从面条、汤底、拌酱以及搭配面条食用的调味酱，将各种美味做了详细剖析。例如，面条如何煮出筋道爽口的口感、基础高汤如何熬出浓郁鲜香的味道、拌酱如何调制出诱人的香气，以及如何运用多种调料调制出为面条加分的调味酱等，为美味面食层层把关。

拥有这样一本高质量的美味面食制作食谱，不论是拉面、炒面还是拌面，各式各样的面食都能轻而易举地做出来，美味与口感绝不输餐馆大厨的手艺，让您在家就能轻轻松松品尝到面食千变万化的美味，媲美一桌美味佳肴绝不在话下。

Contents | 目录

做一碗香喷喷的面条，享受暖入人心的美味

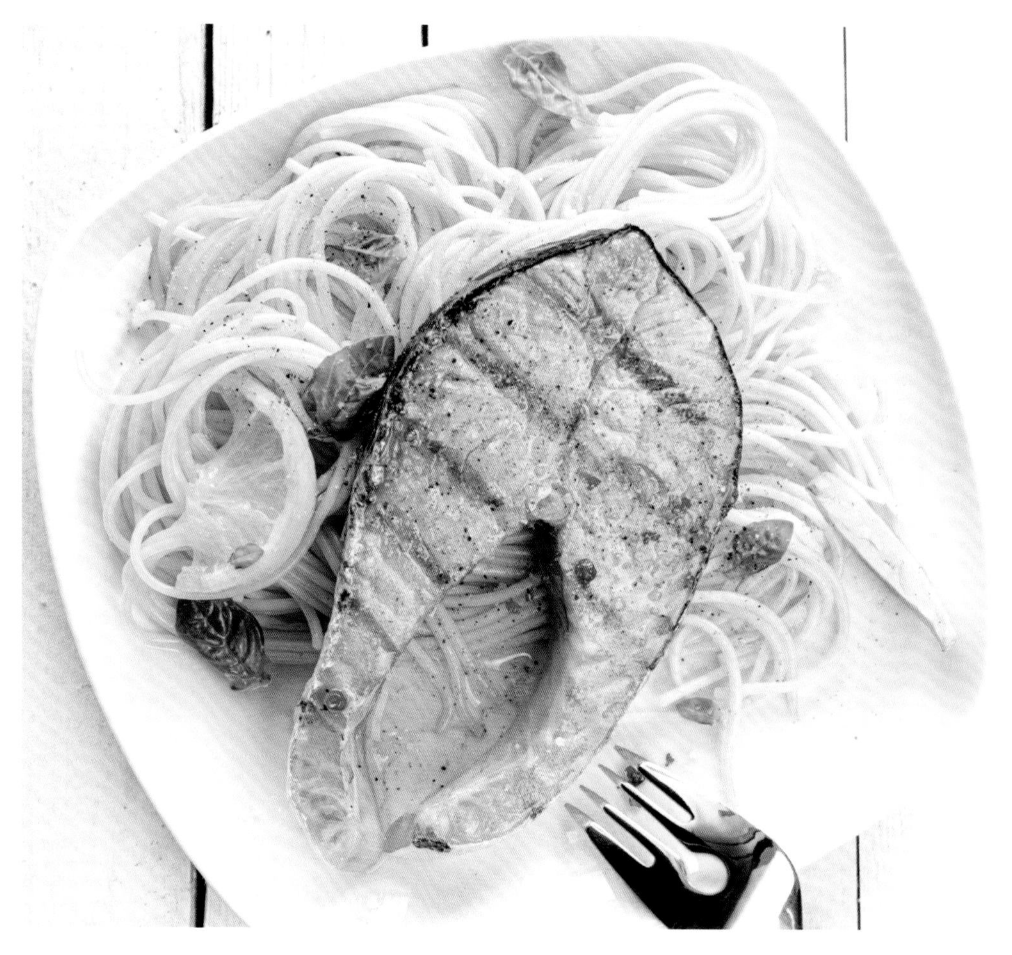

PART 1

滋心暖胃的营养汤面

PART 2
汁香味浓的拌面、炒面

PART 3
别有风味的意大利面、日韩面

单位换算

固体类 / 油脂类
1茶匙 = 5克
1大匙 = 15克
1小匙 = 5克

液体类
1茶匙 = 5毫升
1大匙 = 15毫升
1小匙 = 5毫升
1杯 = 240毫升

做一碗香喷喷的面条，享受暖入人心的美味

除了米饭之外，面条算是最常吃的主食了。面条的种类五花八门，从阳春面、面线、油面、拉面、刀削面到意大利面、乌冬面，每种面的做法和煮的时间都有所差异。所以，看似普通的一碗面，其中也蕴藏着不少学问。

想要做一碗香喷喷的面条，首先要了解不同种类面的特性，便于您根据个人口感要求做出合适的选择，例如，做炒面一般选用弹性较好的油面，而不是易熟的面线；其次，对于鲜香味浓的汤面，熬煮浓郁的汤头是关键，掌握好汤头的熬煮方法、熬煮时间，可为制作美味汤面加分；对于想要吃拌面、炒面的人来说，酱汁的加入是拌面、炒面美味的重点，因此利用不同种类调料调配出风味各异的美味酱汁，再搭配上弹性十足的面条，会给您带来由胃至心的满足与享受。

本书针对每种面的美味重点做分析说明，除了教您如何做出如大厨手艺般美味的面条外，还为您详细剖析汤头和酱料的制作重点，让您对面百吃不腻。

面面俱观之面条简介

油面

油面外表油亮有光泽，颜色淡黄，因为在制作时添加了碱油，所以不论是做成汤面还是拌面，口感都较有韧性。一般超市卖的都是煮熟的油面，所以买回家后只要用冷开水冲洗干净，或用沸水稍汆烫，就可以食用了。

面疙瘩

面疙瘩是北方人经常食用的一种简便面食，以面粉和水做成面团，然后随意揪入或用汤匙拨入沸水中煮熟，因为没有固定外形，且为一片片的面团，故称为疙瘩汤。烹饪时可将面疙瘩加入蔬菜汤做成汤面，或用酱汁做干拌面、炒面，都很美味。

韩国冷面

韩国冷面主要是用荞麦粉、面粉、淀粉加水制作而成，外观像拉直的橡皮筋，硬度较高。将韩国冷面放入沸水中煮3～4分钟后，再捞出以冷水冲凉，即可拌酱汁食用，再配上韩国泡菜或稍微冰镇，风味更佳。

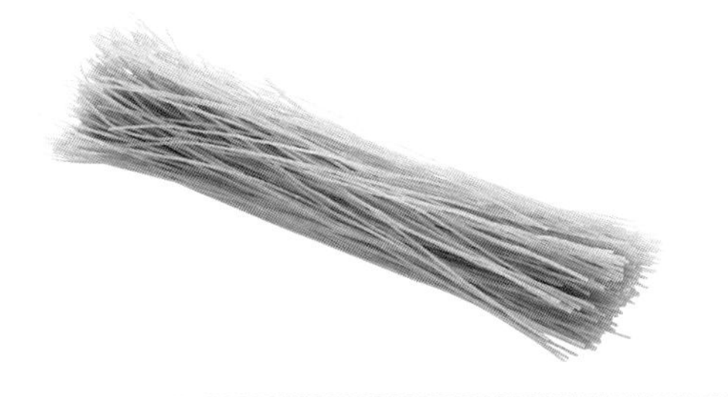

面线

面线在中国是长寿的象征，有“寿面”之称，口感软韧适中。煮面线时，将面线慢慢放入沸水中，不需要搅散，只需1～2分钟，就会浮起，即可捞出食用。

鸡蛋面

鸡蛋面顾名思义就是以鸡蛋和面粉为主要材料做成的面条。因为没有添加盐水或碱水，所以做出来的面条营养价值高，又很有嚼劲儿。但是现在很多人做面条为了追求口感好，还是会添加少许碱水，使得鸡蛋面的定义就变得比较广了。

阳春面

古时候一碗只有汤头没有配料的普通面售价是十文钱，所以就称十文钱一碗的面为阳春面。目前市面上常见的阳春面有细面、小宽面、中宽面等。

意面

细薄的意面既易熟又易入味，所以往往是拌面的最佳面类选择。意面制作时添加了鸡蛋液，烹饪出来的口感较滑嫩，因此也有人将意面归类为鸡蛋面。

面片

面片是将面粉、鸡蛋、盐混合后揉成面团，再用手揪捏成薄片状，俗称“揪片”，有点类似面疙瘩。如今，也有很多地方将面团擀成面皮，再用刀切成方片或宽长条下锅煮，煮的方法跟普通面条一样。

乌冬面

乌冬面是日本特产，一般市面上有卖熟面与干燥面两种乌冬面，不论是哪一种，吃起来的口感都很有嚼劲儿。依个人喜欢的硬度将乌冬面煮熟后，可先用冷水冲凉，再做烹饪，这样口感会更佳。

拉面

拉面又称扯面、甩面、抻面，吃起来很有嚼劲儿，是中国主要的面食种类之一。拉面制作需要技巧，完全手工制作而不靠机器，所以口感较好，做出来的面条滑嫩爽口。目前市面上的拉面有粗细之分，虽然煮熟所需时间不同，但都一样美味。

意大利面

从面条的形状与主要用料来区分，意大利面可分为500多种，有长面（菠菜面、全麦面）、短面（贝壳面、螺旋面、曲管面）、蛋面（宽面、千层面）等。意大利面在烹煮时，要让水完全淹过面条，而且需将面以扇形放射状放入沸水中，并加入少许盐和橄榄油共煮。

蔬菜面

现在很流行在制作面条时添加菠菜汁、胡萝卜汁或其他蔬菜汁，这样做出来的面不但颜色漂亮，还含有多种维生素、铁质等营养元素。另外，意大利面中也有多种颜色的蔬菜面，也称“色水面”，其中最著名的墨鱼面正是混入了墨鱼汁而黑得大受欢迎。

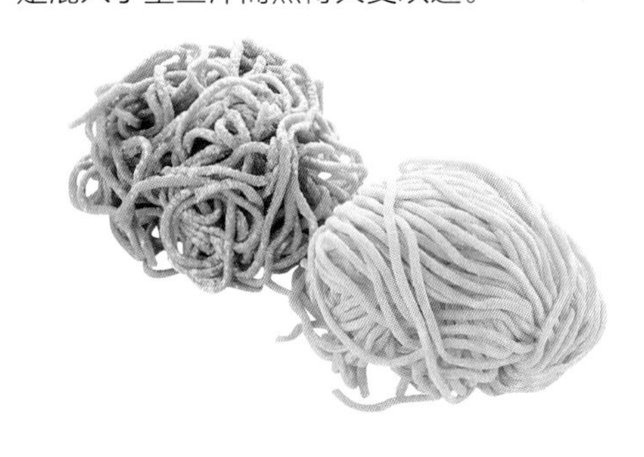

煮面的时间需把握好

要将面条煮到恰到好处，可在煮面条过程中捞出一根用手捏，若面心只剩些许硬度，即可捞起沥干，放入汤碗中，再冲入汤料及配料，待品尝时，面心刚好有弹性且不糊烂。

下面是几种常见面条煮至熟时所需要的时间（当然你也可以依个人对软硬度的喜好做适当调整）：

乌冬面约1分钟，阳春面约2.5分钟，细拉面约3分钟，拉面约3.5分钟，宽面约4.5分钟。

面条保存方法需掌握

新鲜的面条当然是现煮现吃最好，但如果真的一次吃不完，就得好好保存才不致浪费。

一般生面条可按照一个人的分量分袋装好，再放入冰箱冷冻室存放，保存1个月应该不是问题，而且不需要解冻就可以直接放入沸水中煮熟；熟面条（如油面、乌冬面等），一样可按照一个人的分量分袋装好，再放在密封的容器内，然后置于阴凉干燥的地方保存，注意保存期限不要超过包装上的保存日期。

煮出筋道爽口的面条

无论是拌面、炒面还是汤面，若要面条吃起来口感好，煮面的时间长短很重要。煮的时间过长面条吃起来会太软烂，煮的时间过短面条吃起来又太硬。所以，要将面煮得恰到好处、筋道爽口，就得要掌握煮面的几点技巧。

技巧 1　待水沸腾后再下面

煮面时一定要等锅中的水沸腾后才能下面，这样可避免因面条表面的面粉大量融入水中，让汤水变得既糊又浓稠，从而导致面条容易煮过熟。另外，下面的同时还要将面快速搅散，可避免面条沾黏在一起。

技巧 2　加油提亮、加盐提速

煮面的时候加入少量油拌匀，可以让面条更加滑溜光亮，与煮饭时滴入少许油的效果一样。另外，煮面时还可添加少许盐，这样可增加面条软化的速度，让面条不需要太长时间就能煮熟。

技巧 3　面条捞起后需沥干

除了干拌面需保留些许水分利于酱料拌匀外，其余面条煮熟后都需沥干。制作汤面的面条，若含有较多的水，会稀释汤汁，冲淡味道；制作炒面的油面，先汆烫再沥干保存，可延长面条的保存时间。

技巧 4　用油拌散防沾黏

大多数餐馆都会一次烫熟大量面条摆盘，以方便取用，这样可节省制作面条的时间。然而面条较多的情况下，怎样才能避免互相沾黏呢？面条沥干后可先加些许油拌匀，再用筷子拨开散热，即可避免面条沾黏。

熬出浓郁鲜香的基础高汤

牛骨高汤

材料

牛骨头2500克，牛杂500克，葱段450克，姜片150克，水15升，盐45克

做法

❶ 取汤锅，将牛骨头、牛杂以沸水汆烫去血水后，洗净备用。
❷ 将汤锅洗净，放入洗净的牛骨头、牛杂及葱段、姜片、清水、盐，以中火卤煮4～6个小时。
❸ 卤煮过程中，将汤汁表面的浮渣捞去，过多的浮油也一并捞起。
❹ 卤煮至汤汁略收时，可再加少许清水继续煮4个小时以上，至高汤量达12升时熄火。
❺ 将汤汁过滤，去渣留汁，即牛骨高汤。

肉骨高汤

材料

猪大骨1000克，猪瘦肉500克，水10升，姜150克，桂圆肉20克，胡椒粒10克

做法

❶ 将猪大骨及猪瘦肉汆烫去血水后，洗净备用。
❷ 将10升的水倒入汤锅中煮沸后，放入除水外的所有材料，以大火煮至沸腾后，转小火保持微微沸腾状态。
❸ 用汤勺捞去浮在表面的泡沫和油渣，继续以小火熬煮约4个小时即可。

猪骨高汤

材料

猪大骨500克，葱40克，姜片3片，水适量

做法

❶ 猪大骨洗净、剁开(可买剁好的)，加适量水（水量需盖过骨头）以小火煮沸后，倒掉血水，再用清水彻底冲洗干净。
❷ 取深锅，放入洗净的猪大骨及剩余所有材料煮沸后，转小火续煮4～5个小时，待汤汁呈现乳白色即可熄火过滤。

鱼高汤

材料

鱼骨头(虱目鱼) 1200克，蛤蜊600克，姜片5片，水5升

做法

❶ 将鱼骨头放入沸水中稍汆烫后，捞出洗净。

❷ 蛤蜊完全吐沙后，连同洗净的鱼骨头放入深锅中，再加姜片与水一起煮沸，期间不断捞去浮沫；接着转小火续煮至鱼骨头软烂后，即可熄火，最后用细网或纱布过滤出汤汁即可。

鸡高汤

材料

鸡骨架6副，火腿100克，洋葱500克，水5升

做法

❶ 将鸡骨架放入沸水中稍汆烫后，捞出沥干、洗净。

❷ 洋葱去皮切片，与洗净的鸡骨架、其他材料一同放入深锅中以大火煮沸，期间不断捞去浮沫，接着转小火慢慢熬煮至骨架分离、汤浓味香，即可熄火过滤。

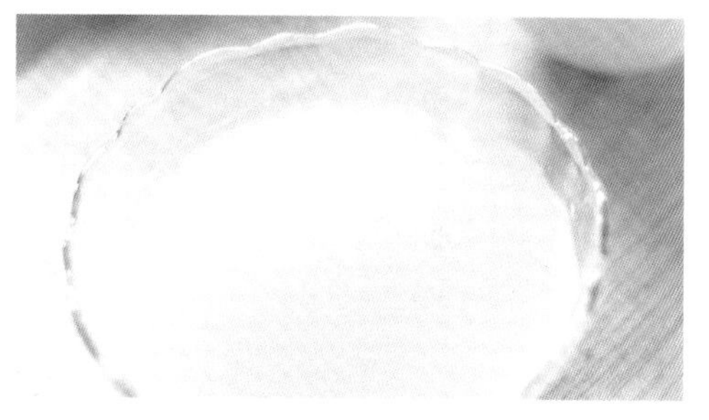

昆布柴鱼高汤

材料

干海带10克，柴鱼片50克，水2升

做法

❶ 干海带用布擦拭后，加水在锅中浸泡过夜(或浸泡30分钟以上)。

❷ 将浸泡海带的锅移到煤气灶上，煮至快沸腾时，立即取出海带（以免产生黏液使汤汁混浊），再放入柴鱼片续煮约30秒后熄火，并捞去浮沫。

❸ 待锅中柴鱼片完全沉淀后，用细网或纱布过滤出汤汁即可。

蔬菜高汤

材料

洋葱500克，胡萝卜1根，干香菇5朵，圆白菜1/2棵，西芹25克，青苹果1个，水3升

做法

❶ 洋葱去皮；胡萝卜洗净切大块；干香菇泡软，备用。

❷ 将所有材料一同放入深锅中，以大火煮沸后转小火，再盖上铝箔纸(上面要戳洞)慢慢熬煮至所有材料软烂、香味溢出后，即可熄火过滤。

熬汤的重点与常犯错误

熬汤的重点

● 控制好熬汤的火候

以颜色来看，汤头可分为浓汤、清汤，浓汤一般用大火熬煮，清汤一般用小火熬煮。

大火（常用大火与中火）通常用来熬煮脊髓骨、牛骨，煮出来的汤多呈乳白色。以大火熬煮的汤头，如果味道不够浓郁，可以直接加适量肉一起熬煮。

小火适合熬煮清澈的汤头，当然食材不同，熬煮的时间也不同。另外，还有一种煎煮法，主要区别是熬汤前先将食材下锅油炸，再加上一些葱蒜配料一起入锅熬煮，虽然比较麻烦，但是可以有效去除食材的腥味，还能够让汤头有一种特殊的香味。

● 掌握熬汤的关键

熬煮汤头常用到猪骨、牛骨等材料，它们均需以沸水汆烫去血水、脏污后，才能下锅熬煮。把已经汆烫去血水后的肉骨与配料放进锅内，以大火熬煮，待汤水沸腾后，改小火续煮，这时可以看到汤面上有数个上下翻动的水流，状如菊花，维持这种沸腾的状态数小时，就能煮出味道极佳的汤头。

熬汤时最好使用陶锅、砂锅这类散热均匀的容器，它们能保留住材料的原味，如果没有陶锅、砂锅，可使用不锈钢锅。因为铝锅在长时间熬煮的过程中，可能会产生有害人体的化学物质，所以最好少用为妙。

● 判断汤头的好坏

检验汤头好坏的主要方法是“尝味道”。不论要熬的是清汤还是浓汤，味道一定要足、要浓厚，所以在熬煮肉骨汤时常会加入适量肉，目的是要让汤的味道足够浓郁。至于要放多少量的材料，则要看个人对汤口味的要求及熬汤的经验了。

如果是熬煮清汤，汤的清澈程度也是检验汤头好坏的指标之一，汤头越清、越纯就越好。熬汤的材料也是越丰富味道越好，不过要注意的是，一旦汤料已经煮至无味就要捞起，以免破坏整锅汤的味道。

熬汤常犯错误

错误 1 汤煮过沸

为了把材料的精华彻底熬出，有些人以为汤是越沸腾越好，实际上把汤煮得过于沸腾，只会让原本应该清澈的汤头变得混浊而丧失美味。因此熬煮汤头时要特别注意火候的掌控，一般以中小火为佳。

错误 2 未一次加满足够的水

熬煮汤的过程中，发现倒入的水量不够，不宜再加水进去，因为材料在热水中沸腾时会逐渐释放出其所含的营养素，如果倒入冷水，水温会骤降，材料就不会再继续释放营养素，从而改变汤的原味，也会让汤变得混浊。所以如果非加水不可，也只能加热开水，而不能加冷开水或冷水。

错误 3 未做好隔夜的处理工作

熬煮的汤头有时不会一次用完，如果汤头留到隔天使用，过夜前的处理工作就十分重要。在不放入冰箱冷藏的情况下，要先以小火将汤煮开，再将汤面上的浮油捞去（因为油凝结后会将汤封住，使汤内的温度维持在70℃左右，而这也是最适合细菌活动的温度），最后把锅盖盖上，记得不可以盖紧，要留一些缝隙以通风。

调出可口的拌面、炒面酱

做拌面、炒面时，必然离不开美味可口的酱料，且无须去超市购买，在家就能轻轻松松地调出。面条煮熟后加入美味酱料调匀，再撒上葱花、香菜，还可烫几棵青菜做搭配，这样一碗芳香四溢、能满足口腹之欲的拌面、炒面就完成了。

蚝油番茄酱

材料

蚝油2大匙，白糖1/2大匙，番茄酱1大匙，葱花1小匙

做法

将所有材料混合搅拌均匀即可。

油醋酱

材料

熟食用油1大匙，陈醋1小匙，白糖1/2大匙，红辣椒末、蒜末各1/2小匙

做法

将所有材料混合搅拌均匀即可。

红油南乳酱

材料

辣椒油、蚝油各2大匙，南乳(红腐乳)1.5大匙，白糖2大匙，葱花1大匙

做法

将所有材料混合搅拌均匀即可。

备注：辛辣程度可依个人喜好做调整。

沙茶拌酱

材料

沙茶酱2大匙，酱油1大匙，白糖1大匙，香油少许，香菜少许

做法

将所有材料混合搅拌均匀即可。

傻瓜拌面酱

材料

酱油3大匙，陈醋1.5大匙，白糖1/2大匙，红辣椒末、香菜末各少许，辣椒油少许，猪油1大匙，葱花2大匙

做法

❶ 将酱油、陈醋、白糖、红辣椒末、辣椒油拌匀成综合酱汁，备用。

❷ 食用时，将综合酱汁与猪油、葱花、香菜末一起拌入面中即可。

红油抄手酱

材料

辣椒油2大匙，花生粉1/2大匙，白糖2大匙，陈醋1小匙，酱油4大匙，葱花、香菜末各适量

做法

❶ 将辣椒油、花生粉、白糖、陈醋、酱油混合搅拌均匀成酱汁，备用。

❷ 食用时，将酱汁与葱花、香菜末一起拌入面中即可。

备注：辛辣程度可依个人喜好做调整。

海山味噌酱

材料

海山酱3大匙，味噌1大匙，冷开水1/3杯，酱油、香油各1大匙，白糖1大匙，葱花少许

做法

将所有材料混合搅拌均匀即可。

梅肉酱

材料

腌制梅子5颗，酱油5大匙，冷开水3大匙，白糖1/2小匙

做法

将梅子肉切碎，与其他材料混合搅拌均匀即可。

与面搭配食用的美味调料

碗底油

材料

牛脂220克，色拉油160毫升
（若不用牛脂，全用色拉油共需380毫升），
葱70克，姜片10克，红葱头末40克，
八角2粒，大蒜35克

做法

❶ 葱洗净切末，备用；大蒜洗净，切末。
❷ 热锅，放入牛脂、色拉油，加入葱末、姜片、红葱头末炒香。
❸ 再加入八角、蒜末，以中小火炒至大蒜呈金黄色后去渣。
❹ 过滤掉所有材料，留下的油即为碗底油。

辣油

材料

色拉油300毫升，蒜末、葱各40克，
辣椒粉45克，花椒粉（或花椒粒）15克，
白胡椒粉10克

做法

❶ 葱洗净切段，备用。
❷ 取锅，放入色拉油烧热，加入蒜末、葱段炒香。
❸ 改小火，加入辣椒粉、花椒粉、白胡椒粉炒匀，熄火待凉后，装罐即可。

备注：色拉油也可以改用150毫升色拉油加150克牛脂，味道更香。

辣牛油

材料

牛脂500克，色拉油100毫升，辣椒粉100克，干辣椒、姜片、葱段、芹菜各50克，辣豆瓣酱3大匙，大蒜30克

香料

花椒、沙姜、八角、白芷、白豆蔻各10克，草果2颗，桂皮15克

做法

1. 先将干辣椒泡水至软，再绞成泥状，备用。
2. 所有香料洗净，备用；牛脂放入沸水中汆烫去腥后捞出，备用。
3. 热锅，倒入色拉油，放入汆烫后的牛脂，以小火炸至油被大量逼出。
4. 再加入姜片、葱段、大蒜、芹菜、辣椒泥和辣豆瓣酱炒约5分钟，接着加入所有香料以小火炒约5分钟。
5. 滤出所有材料后再加热，接着放入辣椒粉拌匀后熄火，放置10个小时即可。

PART 1

滋心暖胃的营养汤面

要想汤面美味，汤头是重头戏。只有将汤头的香气充分熬出，煮出的面条才会更加可口，汤汁喝起来也足够浓郁，给人带来由胃至心的享受。当然，汤面除了汤头外，配料也很重要，加入美味与营养兼具的配料，能够让一碗汤面色味俱全。

汤面制作的美味秘诀

秘诀1

面和汤分开煮

若是将生面条直接放入熬好的汤中煮，面条表面沾裹的面粉就会溶入到汤中，让汤变得混浊，从而影响汤的风味，还可能让原先汤里的材料越煮越老。所以可别贪图方便，直接将汤和面条一起煮。

秘诀2

先加面再加汤

面条很容易因为吸收过多汤汁而涨大，从而容易泡烂，口感就会变差。所以，除了将面和汤分开煮之外，食用前再将汤倒入煮好的面中，这样既可以享受到热汤的美味，又可以品尝到面的筋道。

秘诀3

汤头好坏是关键

做汤面的汤头有很多种，好汤头是汤面美味的关键。其实要熬出好喝的汤头，用来熬汤的材料是重点，常被用来熬汤的材料主要有猪骨、牛骨、鸡骨等，当然，要想汤头更鲜香，也可以加入干贝、鲳鱼、柴鱼、小鱼干、虾米等海鲜类材料。另外，熬汤不可忽略的一点就是汤煮沸后要改中小火慢熬，且边熬边捞去浮沫，以避免杂质影响汤的质量。

认识牛肉的不同部位

一头牛可以食用的部位有很多，而每个部位的肉品尝起来都有不同的口感。以下就要告诉大家，各部位牛肉的特色和适合的烹调方式，让大家在做牛肉面时，可根据实际情况选择合适的牛肉，从而做出美味可口的牛肉汤面。

不同部位牛肉的烹煮时间

牛腱约50分钟，牛腿肉约50分钟，牛腩约60分钟。

备注：切大块肉烹煮，以不超过500克为准。

牛脖花

牛脖花指的是牛的脖子部位，一般牛肉面卖得比较便宜的小面摊，大多会选用牛脖花作为材料，这是因为牛脖花的价格相较于其他部位的牛肉来说便宜很多。

牛肋条

牛肋条属于牛肋骨间的条状肉，油脂较多，受热后，油脂会和肉融为一体，形成汁多味美、入口即化的口感效果。

牛腩

牛腩是牛的五花肉，取自牛的腰窝靠近大腿的部位，其肉质含脂肪与筋，因此适合长时间炖煮，是牛肉烹饪中最常拿来使用的材料之一。

牛小排

牛小排的肉质结实，油纹分布适中，但是脂肪含量较高，通常被用作烧烤之用，例如炭烤牛小排或串烧，因其在烧烤过程中，油脂会遇热析出，香味更加浓郁。另外，牛小排也常被用作炖煮的材料，味道也很不错。

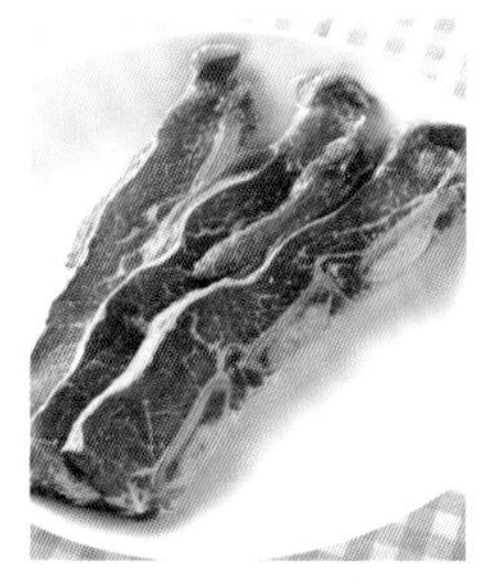

牛腱

牛腱又分为花腱和腱子心，花腱比较大，而腱子心比较小，但腱子心炖煮起来会比较好吃。牛腱是将整只牛的前后小腿去骨后所得的肉块，是牛常活动的部位，其筋纹呈花状，含有大量的胶质，带筋且脂肪含量少，口感既筋道又多汁，适合长时间地炖煮。

牛筋

牛筋指的是牛的蹄筋部位，分为双管和单管，购买的时候，可以选择较宽的牛筋。由于牛筋很硬，如果使用高压锅烹饪会较方便省事，因此若选择使用牛筋来作为炖煮材料，炖煮的时间一定要长久一些，这样才能煮得软烂。

牛肉鲜嫩多汁的烹煮秘诀

牛肉烹煮步骤

❶ 大块牛肉先汆烫去脏、去血水后，再捞起冲冷水洗净。

❷ 将洗净的牛肉加入高汤中烹煮。

❸ 煮至肉色变白后捞起。

❹ 待凉后将牛肉切成小块即可。

煮牛肉注意事项

1. 牛肉必须彻底解冻

冷冻过的牛肉必须完全解冻后才能入锅烹煮，这样可保证牛肉口感不松散，还可避免结冻的冰水稀释汤头的浓度。

2. 先大块煮再切小块

不知情的人或许会以为，牛肉面中的牛肉是一小块一小块卤制的。但其实不然，真正好吃的牛肉，可是要先大块烹煮后再切小块，这样才不会因流失肉汁而变得又干又涩。

3. 水的高度要盖过牛肉

煮牛肉时，要待水沸腾后再将牛肉放入，若肉块浮出表面，可以用物品稍微压住，让肉块沉于水面下，这样才会受热均匀。

4. 不要煮得过熟或过生

将牛肉煮到刚刚好就行，不要煮太久，避免肉质老化干涩；也不要煮不熟，否则较难下咽，只有软嫩的口感才是最美味的。

5. 牛肉切成适当大小块

煮好的牛肉需切块后食用，以2～3口大小为准，这样吃起来口感较好。

原汁牛肉面

材料

牛后腿肉	1500克
牛骨高汤 （做法见14页）	4500毫升
阳春面（细）	适量
芥蓝	适量
碗底油 （做法见21页）	40毫升
葱段	80克
大蒜	30克
姜片	20克
红辣椒	3克

调料

辣豆瓣酱	110克
冰糖	25克
蚝油	120毫升
盐	15克
米酒	150毫升

卤料

八角	8克
花椒	5克
甘草	5克
草果	6克
桂皮	10克
小茴香	6克
丁香	3克

做法

1. 将牛后腿肉以沸水汆烫去血水后，洗净切块，备用。
2. 热锅，以小火将所有卤料干炒2～3分钟后，盛入纱布袋内绑紧，制成卤料包，备用。
3. 另热锅，以碗底油炒香葱段、大蒜、姜片、红辣椒，再加入辣豆瓣酱、冰糖、蚝油略炒，然后放入汆烫过的牛后腿肉块翻炒均匀，备用。
4. 取高压锅，放入卤料包、牛骨高汤、盐、米酒及上一步翻炒均匀的材料，一同煮沸后，改小火续煮25～30分钟，即成汤料，备用。
5. 将阳春面、芥蓝以沸水汆烫至熟后，捞起放入碗内，再加入所有汤料拌匀。食用前可另撒入葱花、香菜、蒜末（分量外）。

姜汁牛肉面

材料

牛里脊肉片 180克
牛骨高汤 1200毫升
（做法见14页）
拉面 适量
小白菜 适量
姜丝 5克
姜汁 5毫升

蘸料

南乳 25克
白糖 6克
蚝油 5毫升
辣油 3毫升
（做法见21页）
香菜末 3克

调料

盐 8克
香油 5毫升
米酒 6毫升

做法

1. 将南乳、白糖、蚝油、辣油混合调匀至无颗粒状时，加入香菜末拌匀，即成蘸酱，备用。
2. 取锅，放入牛骨高汤、姜丝、姜汁、盐、香油、米酒煮至沸腾，即为汤料，备用。
3. 将拉面及小白菜以沸水汆烫至熟后，捞起放入大汤碗内，再加入煮好的汤料拌匀。
4. 将牛里脊肉片以沸水汆烫至熟后，捞起放入拌有汤料的拉面上，再搭配调匀的蘸酱食用即可。

牛百叶牛肉清汤面

材料

牛百叶	300克
牛腩	1200克
黄豆苗	110克
阳春面（宽）	约120克
牛骨高汤（做法见14页）	5000毫升
姜丝	25克
蒜丝	60克
葱花	适量

调料

盐	25克
香油	15毫升
白胡椒粉	15克

做法

1. 先将牛百叶切成粗条状，再以沸水稍汆烫后捞起沥干，备用。
2. 牛腩以沸水稍汆烫后洗净切块，与牛骨高汤、蒜丝、盐、香油、白胡椒粉一起放入高压锅中炖煮，待鸣笛时续煮20~25分钟后再关电源，即成汤料，备用。
3. 将阳春面、黄豆苗以沸水汆烫至熟后，捞起放入大碗内，于面上摆好汆烫后的牛百叶条，再倒入所有汤料拌匀，食用前加入姜丝、葱花即可。

美味应用

煮牛百叶牛肉清汤面想要速度快些，铁锅与高压锅需同时使用，一边汆烫食材，一边炖煮汤料，注意火候不要太大。另外，牛腩在炖煮前只需稍汆烫，以免汆烫过久后肉质变老。

清炖半筋半肉牛肉面

材料

牛腱	900克
牛筋	600克
小白菜	适量
白萝卜	400克
胡萝卜	200克
油豆腐	300克
阳春面（中宽）	适量
牛骨高汤 （做法见14页）	5000毫升
甘草	2片
八角	5克
大蒜	40克

调料

盐	25克
香油	30毫升

做法

1. 牛筋洗净，以高压锅预煮20分钟后，取出切块；牛腱以沸水稍汆烫后，洗净切块，备用。
2. 白萝卜削去外皮后切块；胡萝卜洗净切块；将白萝卜块、胡萝卜块与油豆腐一起以沸水稍汆烫后，捞起沥干；大蒜入热油中炸至呈金黄色时，捞起沥油，备用。
3. 将牛骨高汤、油炸后的大蒜、甘草、八角、盐、香油及煮过的牛筋块、汆烫后的牛腱块一起放入高压锅中炖煮，待鸣笛时续煮约25分钟。
4. 开盖，加入汆烫后的白萝卜块、胡萝卜块、油豆腐，一起卤煮至白萝卜块、胡萝卜块软烂（或盖上锅盖续煮约3分钟），即成汤料，备用。
5. 将阳春面、小白菜放入沸水中汆烫至熟后，捞起放入大碗内，再加入煮好的汤料拌匀即可。

川味牛肉拉面

材料

牛腩　　1000克
牛腱　　500克
牛骨高汤　5000毫升
（做法见14页）
小白菜　　70克
拉面　　120克

辛香料

牛脂　　50克
葱　　60克
大蒜　　60克
姜片　　20克
花椒粒　　20克
辣豆瓣酱　120克
八角　　12克
桂皮　　12克
甘草　　2片
冰糖　　70克
米酒　　150毫升

调料

酱油　　150毫升
盐　　18克

做法

1. 牛腩与牛腱先以沸水稍汆烫后，再取出待稍凉时切块，备用。
2. 热锅，先将牛脂、葱、大蒜、姜片、花椒粒炒香，再放入辣豆瓣酱、八角、桂皮、甘草、冰糖、米酒炒匀，接着加入汆烫后的牛腩块、牛腱块翻炒入味。
3. 再全部移入高压锅内，放入牛骨高汤及所有调料，盖上锅盖，煮至沸腾后改中小火，待鸣笛时，续煮20～25分钟后关电源，即成汤料，备用。
4. 拉面与小白菜以沸水汆烫至熟后，捞起放入碗内，再加入汤料拌匀即可。

美味应用

食用时可依个人喜好加入适量的酸菜、香菜、蒜末等配料，再滴入少许自制辣油（做法见21页）味道会更香。

红烧牛肉面

材料

拉面	适量
红烧牛肉汤 （做法见33页）	500毫升
上海青	适量
葱花	1大匙

做法

1. 将拉面放入沸水中搅散，煮约3分钟后（期间以筷子略微搅动数下），捞出沥干，放入碗中，备用。
2. 上海青洗净、去蒂头，对切后切段，放入沸水中汆烫约1分钟后，捞起沥干，备用。
3. 将红烧牛肉汤倒入煮熟的拉面中，再放入汤中的熟牛腱块，接着放上烫熟的上海青，最后撒上葱花即可。

美味应用

汤头

以多种辛香料和牛骨高汤熬制而成，要以小火慢慢炖，汤头才会香浓而不混浊。

牛肉

掌握好牛肉炖煮的时间，可避免肉质不熟或过老，且建议先将牛肉汆烫去腥味、血水后再煮，风味更佳。

面条

待面心还有些许硬度时，即可将面条捞起，再冲入热气腾腾的汤头，这样品尝时面条的口感不软不硬，刚刚好。

红烧牛肉汤

材料

牛腱约1200克，大蒜3瓣，红葱头30克，姜50克，色拉油2大匙，卤牛肉香料包1包，牛骨高汤（做法见14页）800毫升

调料

豆瓣酱2大匙，酱油1大匙，白糖1茶匙，鸡精1茶匙

做法

1. 将牛腱切成约2厘米厚的块状，放入沸水中汆烫去血水后，捞起沥干；姜、大蒜、红葱头洗净均切碎，备用。
2. 热锅，加入色拉油，放入姜碎、大蒜碎、红葱头碎爆香。
3. 再加入豆瓣酱炒香。
4. 续加入汆烫后的牛腱块炒约2分钟。
5. 接着倒入牛骨高汤。
6. 再加入卤牛肉香料包，一同煮沸后改小火续煮约1个小时。最后加入剩余调料拌匀，捞去较大颗粒的大蒜碎、姜碎等材料即可。

1

2

3

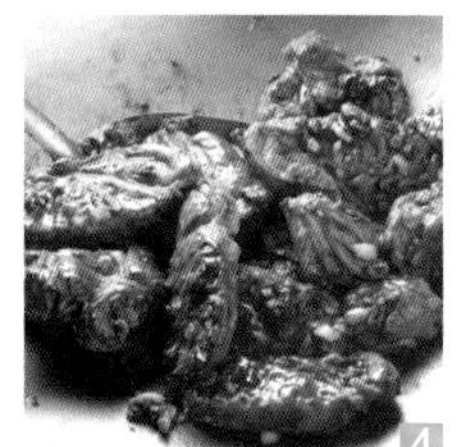
4

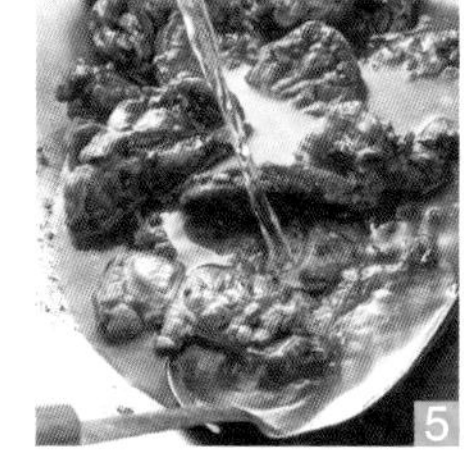
5

6

清炖牛肉面

材料

清炖牛肉汤 （做法见35页）	500毫升
细拉面	适量
小白菜	适量
葱花	少许

做法

1. 将细拉面放入沸水中煮约3分钟后（期间以筷子略微搅动数下），即可捞出沥干，备用。
2. 小白菜洗净后切段，放入沸水中略烫约1分钟后，捞起沥干，备用。
3. 取一碗，将煮好的细拉面放入碗中，再倒入清炖牛肉汤，加入汤中的牛肋条段，最后放上烫熟的小白菜与葱花即可。

清炖牛肉汤

材料

牛肋条300克，白萝卜100克，姜50克，葱20克，花椒、胡椒粒各1/4茶匙，牛骨高汤（做法见14页）3000毫升

调料

盐1大匙，米酒1大匙

做法

1. 牛肋条放入沸水中汆烫去血水后，捞出切成3厘米长的小段，备用。
2. 白萝卜去皮，切成长方片后入沸水中稍汆烫；姜去皮后切片；葱洗净切段，备用。
3. 将汆烫后的牛肋条段、白萝卜片及姜片、葱段、花椒、胡椒粒放入电饭锅内锅中，再加入所有调料与牛骨高汤，外锅加入1杯水，按下开关，待开关跳起后再加入1杯水续煮，共煮约2.5个小时即可。

备注：也可将所有处理好的材料一起放入汤锅中，以小火炖煮约2.5个小时即可。

麻辣牛腩面

材料

牛腩	1000克
牛百叶	300克
牛筋	300克
蟹味菇	60克
冻豆腐	1块
上海青	适量
拉面	适量
牛骨高汤 （做法见14页）	5000毫升
碗底油 （做法见21页）	45毫升
葱	90克
大蒜	90克

辛香料

花椒粒	30克
姜	30克
八角	3粒
白胡椒粒	20克
大蒜末	20克
辣椒粉	约15克
辣椒干	约5克

调料

辣豆瓣酱	60克
冰糖	45克
盐	18克

做法

1. 将牛腩、牛百叶以沸水稍汆烫后，洗净切块；将牛筋放入锅中，以沸水预煮20~25分钟后取出，待凉后切块；葱洗净切段，备用。
2. 热锅，加入碗底油、葱段、大蒜炒香后，全部倒入高压锅中。
3. 再用锅中余油继续炒香花椒粒、姜、八角、白胡椒粒、大蒜末、辣椒粉、辣椒干，然后装入纱布袋内绑紧，制成香料包，备用。
4. 将汆烫后的牛腩块、牛百叶块与辣豆瓣酱、冰糖一起放入高压锅中翻炒至香，再放入煮过的牛筋块及牛骨高汤、盐、香料包，炖煮20~25分钟，即成汤料，备用。
5. 将拉面、蟹味菇、冻豆腐、上海青以沸水汆烫至熟后，捞起放入大碗内，再加入所有汤料拌匀即可。

麻辣牛肉面

材料

麻辣牛肉汤	500毫升
宽面	适量
小白菜	适量
葱花	少许

做法

1. 将宽面放入沸水中煮约4.5分钟（期间以筷子略微搅动数下），即可捞出沥干，备用。
2. 小白菜洗净后切段，放入沸水中汆烫约1分钟后，捞起沥干，备用。
3. 取一碗，将煮熟的宽面放入碗中，再倒入麻辣牛肉汤，加入汤中的熟牛腿肉块，最后放上烫熟的小白菜、撒上葱花即可。

麻辣牛肉汤

材料

熟牛腿肉约600克，葱10克，红葱头30克，姜、牛脂各50克，大蒜3瓣，花椒1小匙，牛骨高汤（做法见14页）3000毫升，干辣椒6个，色拉油少许

调料

盐1/2小匙，白糖1小匙，辣豆瓣酱2大匙

做法

1. 将熟牛腿肉切成小块；葱洗净切小段；姜洗净后去皮、拍碎；红葱头去皮切碎；大蒜切成细末状，备用。
2. 将牛脂放入沸水中汆烫去脏后，捞出沥干，再切成小块状，备用。
3. 热锅，加入少许色拉油，再放入汆烫后的牛脂块翻炒，炒至牛脂块呈现微黄焦干的状态后，即可加入花椒略炒，接着放入葱段以小火炒至金黄色后，放入干辣椒炒至棕红色，最后放入姜碎、红葱头末、蒜末炒约2分钟。
4. 续加入辣豆瓣酱以小火炒约1分钟，再加入熟牛腿肉块炒约3分钟，最后倒入牛骨高汤。
5. 再全部移入汤锅内，以小火炖煮约1个小时，最后加入剩余调料续煮30分钟即可。

香辣牛肉面

材料

牛腩	1000克
牛百叶	300克
牛边肉	300克
茼蒿	适量
阳春面（宽）	适量
牛骨高汤（做法见14页）	约4500毫升
牛脂	45克
朝天椒	6克
辣椒粉	8克
绿小米椒	8克

辛香料

八角	2粒
桂皮	15克
沙姜	15克
冰糖	35克
蚝油	35毫升
辣豆瓣酱	80克

调料

盐	15克
黄酒	30毫升

做法

1. 牛腩、牛百叶以沸水稍氽烫后，洗净切块，备用。
2. 热锅，放入牛脂、朝天椒、辣椒粉、绿小米椒炒香后，再加入八角、桂皮、沙姜、冰糖、蚝油、辣豆瓣酱略炒。
3. 再全部移入高压锅内，再放入氽烫后的牛腩块、牛百叶块及牛边肉、牛骨高汤、盐、黄酒炖煮20～25分钟，即成汤料，备用。
4. 阳春面与茼蒿以沸水氽烫至熟后，捞起放入大碗内，再加入卤煮好的所有汤料即可。

麻辣牛肚面

材料

牛肚	300克
阳春面（宽）	适量
牛骨高汤（做法见14页）	800毫升
姜末	1/2茶匙
蒜末	1/2茶匙
自磨花椒粉	1/4茶匙
色拉油	1大匙
上海青	2棵
辣牛油（做法见22页）	1茶匙
草果	1颗
桂皮	1根

调料

酱油	1茶匙
盐	1/2茶匙
白糖	1茶匙
辣豆瓣酱	1.5茶匙

做法

1. 将牛肚洗净，放入沸水中汆烫去腥后，捞出切小块，备用。
2. 取汤锅，放入牛肚块、草果、桂皮、牛骨高汤，盖上锅盖以小火煮约1个小时，即为牛肚高汤。
3. 热锅，加入色拉油，放入蒜末、姜末炒香，再放入辣豆瓣酱、自磨花椒粉炒约3分钟后，加入牛肚高汤和剩余调料煮沸，即为汤料，备用。
4. 将阳春面放入沸水中煮熟（期间以筷子略微搅动数下），捞起沥干后放入碗内；上海青洗净对切，放入沸水中烫熟后捞出，备用。
5. 再将所有汤料倒入盛有面的碗中，最后加入辣牛油、摆上烫熟的上海青即可。

黑椒红油牛杂面

材料

牛杂	400克
清炖牛肉汤（做法见35页）	800毫升
宽面	适量
姜	15克
葱	10克
草果	1颗
桂皮	1根
上海青	适量
葱花	1大匙
香菜末	1大匙
红辣椒碎	1茶匙
黑胡椒粉	1茶匙
辣牛油（做法见22页）	1大匙

调料

盐	1/2茶匙
蚝油	1茶匙
鸡精	1茶匙

做法

1. 先将牛杂放入沸水中稍汆烫，再捞起沥干，备用。
2. 取汤锅，放入汆烫后的牛杂、姜、葱、草果、桂皮和清炖牛肉汤，盖上锅盖，以小火煮约1个小时。
3. 捞出姜、葱、草果和桂皮，再加入所有调料拌匀调味，即成汤料，备用。
4. 将宽面放入沸水中煮熟后（期间以筷子略微搅动数下），即可捞起沥干，放入碗内；上海青洗净对切，放入沸水中烫熟后捞出，备用。
5. 于盛有面的碗中再加入汤料、葱花、香菜末、红辣椒碎和黑胡椒粉，最后摆上烫熟的上海青、洒入辣牛油即可。

药膳牛肉面

材料

药膳牛肉汤	500毫升
熟宽面	适量
小白菜	适量

做法

1. 小白菜洗净后切段，放入沸水中汆烫约1分钟后，捞起沥干，备用。
2. 取一碗，将熟宽面放入碗中，再倒入药膳牛肉汤，加入汤中的牛肋条块，放上汆烫熟的小白菜即可。

药膳牛肉汤

材料

牛肋条300克，
牛骨高汤（做法见14页）3000毫升

药材

当归3片，川芎4片，茯苓4克，熟地6克，甘草、白芍各3克，红枣8颗，桂枝、党参各5克

调料

米酒200毫升，盐1大匙

做法

1. 牛肋条汆烫去血水后，切成3厘米长的小段，备用。
2. 将所有药材用水洗净后沥干，并浸泡在牛骨高汤内30分钟。
3. 将汆烫后的牛肋条块、泡有药材的高汤及米酒一起放入电饭锅内锅中，外锅加入1杯水，按下开关，煮至开关跳起后再加入1杯水续煮，连续炖煮约3个小时，起锅前加入盐即可。

药炖牛腩面

材料

牛腩	1500克
面条	适量
葱花	适量
药炖牛肉汤	适量

做法

1. 牛腩以沸水稍汆烫后，捞出切块，与药炖牛肉汤（分量需盖过牛腩块）一起放入电饭锅内锅中，盖上保鲜膜，炖煮90～120分钟（或以高压锅煮25分钟）后，将牛腩捞出切块，剩下的即是汤料，备用。
2. 面条以沸水汆烫至熟后，捞起放入大碗内，再加入汤料及煮熟的牛腩块，食用前撒入葱花即可。

美味应用

材料中药炖牛肉汤的分量为适量，主要是可依个人喜好做调整，但一定要以放入锅中可盖过牛腩块的分量为基准，这样炖煮出来的牛腩才入味好吃。

药炖牛肉汤

材料

牛腩1500克，米酒1200毫升，水3300毫升，当归20克，熟地30克，川芎、枸杞子、红枣、桂枝、山药、参须各25克

做法

1. 牛腩以沸水稍汆烫后捞出，与米酒、水、当归、熟地、川芎、枸杞子、红枣、桂枝、山药、参须一起放入电饭锅内锅中，盖上保鲜膜，炖煮90～120分钟（或以高压锅煮25分钟）即可。
2. 去渣留汁，过滤掉所有材料，留下的汤头即为药炖牛肉汤。

药炖肉骨茶牛肉面

材料

牛尾	约1800克
牛百叶	300克
牛腩	300克
阳春面（宽）	适量
牛骨高汤（做法见14页）	5000毫升
米酒	200毫升
大蒜粒	120克
香菜	60克
炸油条	60克

调料

盐	35克
白糖	15克
白胡椒粒	45克

肉骨茶卤包

桂枝	15克
杜仲	15克
白芍	15克
川芎	15克
党参	25克
白胡椒粒	25克
枸杞子	25克
红枣	20克
甘草	10克

做法

1. 将牛尾表皮细毛刮净后切段；炸油条切成段状，备用。
2. 牛百叶、牛腩、牛尾段一同以沸水稍汆烫后洗净，并将牛百叶及牛腩切块。
3. 将汆烫后的牛百叶块、牛腩块、牛尾段、牛骨高汤、米酒、大蒜粒、盐、白糖、白胡椒粒及肉骨茶卤包的所有材料一起放入高压锅中，卤煮20～25分钟，即成汤料，备用。
4. 阳春面以沸水汆烫至熟后，捞起放入大碗内，再放入所有汤料，食用前加入香菜及炸油条段即可。

美味秘诀

汤料炖煮好后，先将浮油捞去再倒入面条内，这样吃起来的口感较清爽。

炸油条段做法

热锅，将切成段的油条下锅干炒至酥脆即可。

蒜味肉骨茶牛肉面

材料

牛腱心　1个（约600克）
阳春面（宽）　适量
牛骨高汤（做法见14页）　800毫升
大蒜　8瓣
白萝卜　1根
枸杞子　1大匙
当归　1片
川芎　4片
上海青　适量

药包材料

党参　3根
玉竹　15克
熟地　10克
肉桂　10克
八角　1粒
白胡椒粒　1大匙

调料

盐　1茶匙
酱油　1茶匙

做法

1. 将牛腱心放入沸水中汆烫去血水；白萝卜去皮，切成四方块，放入沸水中略汆烫后捞起沥干；所有药包材料装入小纱布袋中绑紧，制成药包，备用。
2. 取汤锅，放入汆烫好的牛腱心、白萝卜块及牛骨高汤、药包。
3. 再加入枸杞子、当归、川芎。
4. 接着加入大蒜。
5. 最后倒入酱油、撒上盐，以小火炖煮约1个小时后，将牛腱心捞出切片，剩余即是汤料。
6. 将阳春面放入沸水中煮熟后（期间以筷子略微搅动数下），即可捞起沥干，放入碗内；上海青洗净对切，放入沸水中烫熟后捞起，摆放在煮熟的阳春面上。
7. 再将炖好的汤料倒入盛有面的碗中，最后摆入切好片的牛腱心即可。

汕头沙茶牛肉面

材料

牛肉	150克
清炖牛肉汤（做法见35页）	600毫升
阳春面（细）	适量
上海青	4棵
水淀粉	适量
葱花	1大匙
香菜	适量
色拉油	适量

腌料

沙茶酱	2茶匙
酱油	1茶匙
白糖	1/2茶匙
鸡蛋液	1大匙
淀粉	1茶匙

调料

沙茶酱	1大匙
盐	1/2茶匙

做法

1. 牛肉洗净切片，备用。
2. 牛肉片加入所有腌料拌匀，腌约10分钟，备用。
3. 取汤锅，倒入清炖牛肉汤，加入所有调料拌匀，一同煮至沸腾后，即成汤料，备用。将阳春面放入沸水中煮熟后（期间以筷子略微搅动数下），即可捞起沥干，放入碗中；上海青洗净对切，放入沸水中烫熟后，放在煮熟的阳春面上。
4. 热锅，倒入适量色拉油，将腌好的牛肉片炒至肉色变白。
5. 再加入150毫升的汤料拌匀后，以水淀粉勾芡，接着淋在煮熟的阳春面上，最后撒上葱花、放上香菜，即可食用。

咖喱牛腩面

材料

牛腩1000克，家常面（宽）适量，
胡萝卜120克，豆芽、豌豆苗各少许，
牛骨高汤（做法见14页）3000毫升

调料

咖喱块350克，冰糖35克，盐适量

做法

1. 将牛腩以沸水稍汆烫后洗净切块；胡萝卜洗净切块，与汆烫后的牛腩块、牛骨高汤一起放入高压锅中煮20分钟。
2. 再放入咖喱块、冰糖、盐煮至完全溶化后，加入豆芽、豌豆苗煮沸，即成汤料，备用。
3. 家常面以沸水汆烫至熟后，捞起放入大碗内，再加入所有汤料即可。

咖喱牛肉面

材料

咖喱牛肉汤（做法见47页）500毫升，
阳春面、小白菜各适量

做法

1. 将阳春面放入沸水中煮约3分钟，期间以筷子略微搅动数下，即可捞出沥干，备用。
2. 小白菜洗净后切段，放入沸水中汆烫约1分钟后，捞起沥干，备用。
3. 取一碗，将煮熟的阳春面放入碗中，再倒入咖喱牛肉汤，加入汤中的熟牛腿肉块，放上烫熟的小白菜即可。

咖喱牛肉汤

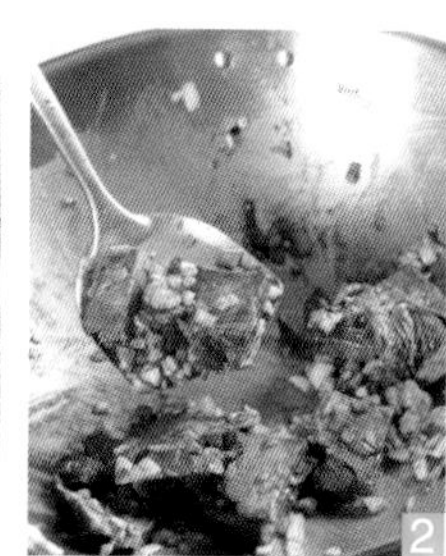

材料

熟牛腿肉300克，洋葱约250克，大蒜30克，牛脂50克，色拉油适量，牛骨高汤（做法见14页）3000毫升

调料

咖喱粉1大匙，盐1茶匙，白糖1/2茶匙

做法

1. 熟牛腿肉切块；洋葱洗净去皮后切碎；大蒜洗净切末。将牛脂放入沸水中汆烫去脏后，再捞出沥干、切小块，备用。热锅，加色拉油，放入汆烫后的牛脂块翻炒，炒至牛脂块呈现微黄焦干的状态后，放入蒜末、洋葱碎一起炒香，再放入咖喱粉略炒。
2. 接着加入熟牛腿肉块炒约2分钟。
3. 然后倒入牛骨高汤，以小火煮约1个小时后，加入其余调料续煮15分钟即可。

豆酱牛肉面

材料

牛肋条 300克
拉面 适量
牛骨高汤 800毫升
（做法见14页）
豆酱 1大匙
姜末 1/2茶匙
红葱末 1/2茶匙
蒜末 1/2茶匙
小白菜 80克
葱花 1茶匙
色拉油 1大匙

调料

盐 1/4茶匙
蚝油 1茶匙
鸡精 1茶匙
白糖 1茶匙

做法

1. 先将牛肋条放入沸水中汆烫去血水后，再捞起沥干、切小块。
2. 热锅，倒入色拉油，放入姜末、红葱末和蒜末爆香。
3. 再放入豆酱炒约1分钟。
4. 接着加入汆烫好的牛肋条块炒约3分钟。
5. 然后加入牛骨高汤和所有调料，以小火煮至材料变软，即成汤料，备用。将拉面放入沸水中煮熟（期间以筷子略微搅动数下），即可捞起沥干，放入碗内；小白菜洗净切段，放入沸水中烫熟，备用。将全部汤料淋入煮熟的拉面上，最后摆上烫熟的小白菜、撒上葱花即可。

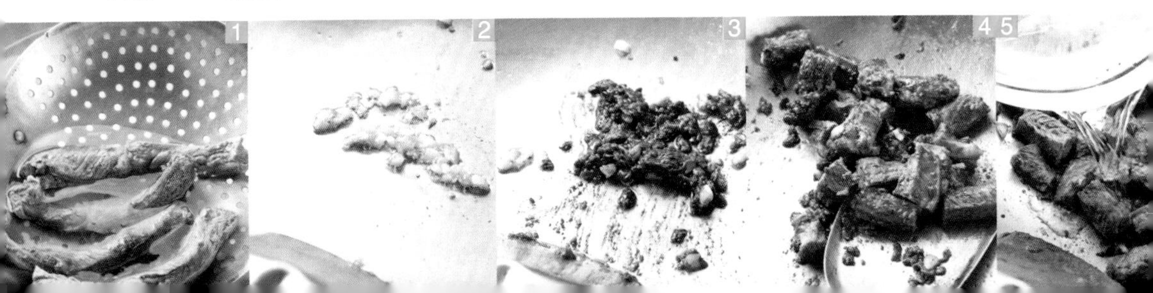

麻酱牛肉面

材料

肥牛肉片	200克
阳春面（细）	适量
牛杂	500克
清炖牛肉汤（做法见35页）	800毫升
姜	20克
葱	10克
葱花	1大匙
辣油（做法见21页）	1茶匙
红辣椒油	1/2茶匙

香料包材料

花椒	5克
八角	1粒
桂皮	10克
白芍	10克
白蔻	6粒
白胡椒粒	1/2茶匙

调料

盐	1茶匙
胡麻酱	1大匙
米酒	1茶匙

做法

1. 先将肥牛肉片放入沸水中汆烫至熟，再捞起沥干；所有香料包材料放入纱布袋中绑紧，制成香料包，备用。
2. 取汤锅，放入牛杂、清炖牛肉汤、香料包、姜、葱，一同炖煮1个小时后即可熄火，过滤出高汤后加入胡麻酱、盐、米酒拌匀，即成汤料，备用。
3. 将阳春面放入沸水中煮熟后（期间以筷子略微搅动数下），即可捞起沥干，放入碗内，备用。
4. 再将汤料倒入盛有面的碗中，然后摆上烫熟的肥牛肉片，淋上辣油、红辣椒油，最后撒上葱花即可。

五香牛肉面

材料

五香牛肉汤	500毫升
宽面	适量
小白菜	适量

做法

1. 将宽面放入沸水中煮约4.5分钟，期间以筷子略微搅动数下，再捞出沥干，备用。
2. 小白菜洗净后切段，放入沸水中汆烫约1分钟后，捞起沥干，备用。
3. 取一碗，将煮熟的宽面放入碗中，再倒入五香牛肉汤，加入汤中的熟牛腱块，最后放上小白菜即可。

美味应用

我们常听到“五香”这个词，也常拿它来卤东西，其实五香是由“花椒”“八角”“桂皮”“小茴香”“丁香”这五种香料组成。若不是太讲究口味，也可直接购买市售五香卤包，方便实用。

五香牛肉汤

材料

熟牛腱约600克，葱、红葱头各30克，
牛脂、姜各50克，大蒜3瓣，色拉油少许，
牛骨高汤（做法见14页）3000毫升

香料

花椒1茶匙，八角4粒，桂皮10克，
小茴香、丁香各5克

调料

盐1/2茶匙，白糖、豆瓣酱各1大匙，
酱油1大匙，绍兴酒2大匙

做法

1. 熟牛腱切成小块状；葱洗净切小段；姜洗净后去皮、拍碎；红葱头去皮切碎；大蒜洗净切末。
2. 将牛脂放入沸水中汆烫去脏后切块；所有香料用纱布袋包好，制成香料包，备用。
3. 热锅，加少许色拉油，放入汆烫过的牛脂块翻炒，炒至牛脂块呈现微黄焦干的状态后，放入葱段以小火炒至金黄，再加入姜碎、红葱头碎、蒜末炒约1分钟，接着放入豆瓣酱与熟牛腱块以小火炒约3分钟，最后加入牛骨高汤、香料包及剩余调料。全部移入汤锅内，以小火煮约1个小时后过滤汤汁即可。

味噌牛肉面

材料

味噌牛肉汤	500毫升
熟乌冬面	1份
黄豆芽	适量
葱花	适量

做法

1. 将熟乌冬面放入沸水中煮约1分钟，期间以筷子略微搅动数下，再捞出沥干，备用。
2. 将黄豆芽洗净后，放入沸水中汆烫约1分钟后，捞起沥干，备用。
3. 取一碗，将煮好的熟乌冬面放入碗中，再倒入味噌牛肉汤，加入汤中的牛肉块，然后放上汆烫后的黄豆芽，最后撒上葱花即可。

味噌牛肉汤

材料

牛肉300克，味噌200克，姜50克，
葱、柴鱼片各30克，海带15克，
牛骨高汤（做法见14页）3500毫升

调料

味啉50毫升，白糖20克

做法

1. 牛肉入沸水中汆烫去脏血后，捞出沥干，再放入牛骨高汤中煮约30分钟后捞出放凉，待凉后切成厚片状，备用。
2. 姜去皮后切片；葱洗净切段，备用。
3. 将海带放入牛骨高汤中浸泡约30分钟后，开火煮至沸腾，再加入柴鱼片，即可熄火放置约30分钟，最后过滤掉柴鱼片及海带。
4. 将汆烫后的牛肉块及姜片、葱段、煮过的牛骨高汤、味啉、白糖放入汤锅中。
5. 一同以小火炖煮约2个小时后，捞去姜片、葱段，最后加入味噌搅拌均匀即可。

红酒牛肉面

材料

牛腱心	300克
阳春面（宽）	适量
牛骨高汤（做法见14页）	800毫升
姜末	1/2茶匙
蒜末	1/2茶匙
红葡萄酒	约350毫升
色拉油	1大匙
小白菜	80克
葱花	1茶匙

调料

盐	1/2茶匙
番茄酱	2大匙
白糖	1大匙
白醋	1大匙

做法

1. 将牛腱心放入沸水中汆烫去血水后，捞起沥干、切片，备用。
2. 热锅，倒入色拉油，放入姜末和蒜末炒香，再加入汆烫后的牛腱心略炒。
3. 炒约3分钟后加红葡萄酒、牛骨高汤和所有调料，以小火煮至材料变软，即成汤料，备用。
4. 将阳春面放入沸水中煮熟（期间以筷子略微搅动数下），再捞起沥干，放入碗内；小白菜洗净切段，放入沸水中烫熟，备用。
5. 再将汤料淋入盛有面的碗中，然后摆上烫熟的小白菜、撒上葱花即可。

香糟牛肉面

材料

牛腱心300克，阳春面（宽）适量，牛骨高汤（做法见14页）800毫升，姜末1/2茶匙，红糟酱、葱丝各1茶匙，小白菜80克，色拉油1大匙

调料

盐1/2茶匙，绍兴酒2大匙，白糖1茶匙

做法

1. 牛腱心入沸水中汆烫去血水后切片。
2. 热锅，倒入色拉油，放入姜末炒香后倒入红糟酱略炒，再加入切好的牛腱心片、牛骨高汤和所有调料，以小火煮至材料变软，即成汤料，备用。
3. 将阳春面放入沸水中煮熟（期间以筷子略微搅动数下），再捞起沥干，放入碗内；小白菜洗净切段，放入沸水中烫熟，备用。
4. 将煮好的汤料淋入盛有阳春面的碗中，再摆上烫熟的小白菜、葱丝即可。

酒酿牛肉面

材料

牛腱心300克，细面适量，酒酿3大匙，牛骨高汤（做法见14页）800毫升，上海青适量，姜末1/2茶匙，葱丝1茶匙

调料

盐1茶匙，鸡精1/2茶匙

做法

1. 将牛腱心放入沸水中汆烫去血水后，捞起沥干、切片。
2. 取汤锅，放入酒酿、姜末，加入汆烫后的牛腱心片及牛骨高汤、盐、鸡精，以小火煮至材料变软，即成汤料，备用。
3. 将细面放入沸水中煮熟（期间以筷子略微搅动数下），再捞起沥干，放入碗内；上海青洗净对切，放入沸水中烫熟，备用。
4. 再将汤料淋入盛有面的碗中，然后摆上烫熟的上海青和葱丝即可。

越式牛肉面

材料

生牛肉薄片	150克
鸡蛋面	适量
越式汤头	500毫升
洋葱丝	30克

调料

鱼露	1小匙
盐	1/4小匙

做法

1. 将鸡蛋面煮熟后捞起，放入碗内，再平铺上生牛肉薄片，备用。
2. 将越式汤头加入洋葱丝、所有调料以中火煮沸后，淋在生牛肉薄片上即可。

美味应用

过熟的牛肉片肉质太老，生牛肉片肉质较嫩但腥味较重，所以正宗的越式牛肉面，就是以半生微熟的牛肉为主要特色。

越式汤头

材料

牛肉500克，牛骨200克，香茅3根，柠檬叶4片，柠檬1个（切片），水3000毫升

做法

将所有材料放入汤锅内，以中火熬煮约4个小时，期间不时地捞去浮沫。

备注：材料中的柠檬切片不去皮。

牛肉酱汤面

材料

新鲜牛杂	300克
阳春面（细）	适量
清炖牛肉汤（做法见35页）	800毫升
香菜梗	30克
姜	20克
葱末	1大匙
蒜苗片	适量

香料包材料

花椒	5克
八角	1粒
桂皮	10克
白芍	10克
草果	1粒

调料

盐	1/2茶匙
鸡精	1茶匙
白糖	1/4茶匙
米酒	1茶匙

做法

1. 将牛杂放入沸水中稍氽烫后，捞起沥干，备用；香料包所有材料洗净后放入小纱布袋中绑紧，制成香料包，备用。
2. 取汤锅，放入清炖牛肉汤煮沸后，加入香料包、香菜梗、姜、葱末、氽烫好的牛杂以及所有调料，炖煮至牛杂软烂后熄火，即成汤料，备用。
3. 将阳春面放入沸水中煮熟（期间以筷子略微搅动数下），再捞起沥干，放入碗内。
4. 最后将汤料淋入盛有面的碗中，摆上蒜苗片即可。

酸汤牛肉面

材料

牛肋条　300克
宽面　适量
清炖牛肉汤　800毫升
（做法见35页）
香茅　2根
红辣椒末　少许
柠檬叶　3片
姜　20克
酸辣汤　1大匙
香菜末　1茶匙
罗勒　适量

调料

盐　1茶匙
白糖　1茶匙
米酒　1茶匙

做法

1. 将牛肋条放入沸水中汆烫去血水后，捞起沥干、切小块；罗勒洗净沥干，备用。
2. 取汤锅，加入汆烫后的牛肋条块、清炖牛肉汤、香茅、柠檬叶、姜、酸辣汤及所有调料，炖煮1个小时后熄火，即成汤料，备用。
3. 将宽面放入沸水中煮熟（期间以筷子略微搅动数下），再捞起沥干，放入碗内。
4. 接着将汤料淋入盛有面的碗中，最后放入香菜末、罗勒、红辣椒末即可。

柱侯南乳肉筋面

材料

牛肋条	150克
阳春面（宽）	适量
牛筋	150克
水	600毫升
姜	20克
葱	10克
姜末	1/2茶匙
红葱头末	1/2茶匙
蒜末	1/2茶匙
牛骨高汤（做法见14页）	500毫升
色拉油	1大匙
南乳	1块
小白菜	80克
香菜	适量
葱花	1茶匙

调料

盐	1/2茶匙
蚝油	1茶匙
白糖	1茶匙
豆瓣酱	1茶匙

做法

1. 将牛肋条放入沸水中汆烫去血水后，捞起沥干、切小块，备用。
2. 牛筋放入沸水中略汆烫，捞起沥干后，放入锅中与姜、葱、水共煮45分钟，再捞出切小块，备用。
3. 热锅，倒入色拉油，放入姜末、红葱头末和蒜末炒香，再放入南乳、豆瓣酱翻炒约1分钟。
4. 接着加入汆烫好的牛肋条块和煮好的牛筋块，继续炒约3分钟后加入牛骨高汤和剩余调料拌匀，再以小火煮至材料变软，即成汤料，备用。
5. 将阳春面放入沸水中煮熟（期间以筷子略微搅动数下），再捞起沥干，放入碗内；小白菜洗净切段，放入沸水中烫熟，备用。
6. 再将汤料淋入盛有面的碗中，最后放入烫熟的小白菜、香菜和葱花即可。

柱侯牛肉面

材料

柱侯牛肉汤　500毫升
宽面　适量
葱花　适量

做法

1. 将宽面放入沸水中煮约4.5分钟，期间以筷子略微搅动数下，再捞出沥干，备用。
2. 取一碗，将煮熟的宽面放入碗中，再倒入柱侯牛肉汤，加入汤中的熟牛腱块，最后撒上葱花即可。

柱侯牛肉汤

材料

熟牛腱300克，姜50克，红葱头30克，大蒜3瓣，色拉油少许，牛骨高汤（做法见14页）3000毫升

调料

绍兴酒1大匙，盐1/4茶匙，蚝油2大匙，白糖1/2茶匙，柱侯酱2大匙

做法

1. 将熟牛腱切小块；姜洗净后去皮、拍碎；红葱头去皮、切碎；大蒜洗净切成细末状，备用。
2. 热锅，加少许色拉油，放入姜碎、红葱头末、蒜末炒约1分钟，再放入柱侯酱、熟牛腱块以小火炒约3分钟，最后加入绍兴酒与牛骨高汤。
3. 再全部倒入汤锅内，以小火煮约1.5个小时后，加入剩余调料再次煮沸即可。

蛤蜊肥牛面

材料

肥牛肉片	150克
阳春面（细）	适量
清炖牛肉汤（做法见35页）	800毫升
蛤蜊	180克
姜丝	20克
葱花	1大匙
上海青	2棵

调料

盐	1/2茶匙
白糖	1/4茶匙
鸡精	1茶匙
米酒	1茶匙

做法

1. 先将蛤蜊放入水中吐完沙后，再洗净备用。
2. 取汤锅，倒入清炖牛肉汤煮沸后，加入姜丝、蛤蜊，煮至蛤蜊张开。
3. 随后加入肥牛肉片，再次煮至沸腾后加入所有调料拌匀，即成汤料，备用。
4. 将阳春面放入沸水中煮熟（期间以筷子略微搅动数下），再捞起沥干，放入碗内；上海青洗净对切，放入沸水中烫熟，备用。
5. 接着将汤料淋入盛有面的碗中，再摆上烫熟的上海青、撒上葱花即可。

煮汁牛肉面

材料

煮汁牛肉汤	500毫升
宽面	适量
黄豆芽	适量

做法

1. 将宽面放入沸水中煮约4.5分钟，期间以筷子略微搅动数下，再捞出沥干，备用。
2. 将黄豆芽洗净后，放入沸水中汆烫约1分钟，即可捞起沥干，备用。
3. 取一碗，将煮熟的宽面放入碗中，再倒入煮汁牛肉汤，加入汤中的牛腱块，最后放入烫熟的黄豆芽即可。

煮汁牛肉汤

材料

牛腱300克，姜50克，葱10克，海带15克，白萝卜100克，柴鱼片30克，
牛骨高汤（做法见14页）3000毫升

调料

酱油120毫升，米酒100毫升，白糖60克

做法

1. 牛腱入沸水中汆烫去脏血，捞起沥干后放入牛骨高汤中煮约30分钟，再捞出放凉，待凉后切厚块，备用。
2. 白萝卜去皮后切长方片，入沸水中汆烫1分钟后即可捞出；姜去皮后切片；葱洗净切段，备用。
3. 将煮过牛腱的牛骨高汤再次煮沸，放入柴鱼片、海带即可熄火，放置约30分钟后，滤掉柴鱼片，备用。
4. 再放入煮过的牛腱块、汆烫后的白萝卜片、姜片、葱段及所有调料，以小火炖煮约2.5个小时后，捞出海带、姜片、葱段即可。

酸菜牛肉面

材料

酸菜牛肉汤	500毫升
阳春面	适量

做法

1. 将阳春面放入沸水中煮约3分钟，期间以筷子略微搅动数下，再捞出沥干，备用。
2. 取一碗，将煮熟的阳春面放入碗中，再倒入酸菜牛肉汤，加入汤中的牛腿肉块及酸菜心即可。

酸菜牛肉汤

材料

牛腿肉300克，酸菜心150克，姜50克，葱20克，牛骨高汤（做法见14页）3000毫升

调料

盐1/4茶匙，米酒1大匙

做法

1. 牛腿肉放入沸水中汆烫去脏血后，捞出沥干，切成大块状，备用。
2. 酸菜心以清水冲洗干净后，切长片；姜去皮切片；葱洗净切段，备用。
3. 依次将切好的酸菜心、牛腿肉块、姜片、葱段放入电饭锅内锅中，再加入所有调料和牛骨高汤。
4. 再于电饭锅外锅倒入1杯水，按下开关，待开关跳起后，再加入1杯水续煮，连续煮约2.5个小时即可。

酸白菜肥牛面

材料

肥牛肉片　150克
清炖牛肉汤　600毫升
（做法见35页）
细拉面　适量
酸白菜　150克
葱花　1大匙

调料

盐　1/2茶匙
醋　1大匙
鸡精　1茶匙

做法

1. 酸白菜切段，备用。
2. 清炖牛肉汤煮沸后，加入酸白菜段煮约3分钟。
3. 随后加入所有调料拌匀。
4. 再加入肥牛肉片煮至沸腾，即成汤料，备用。
5. 将拉面放入沸水中煮约3分钟至熟（期间以筷子略微搅动数下），再捞起沥干，放入碗内，最后淋入汤料，撒上葱花即可。

美味应用

肥牛肉片油脂丰富，吃起来口感软嫩，但要注意入锅煮的时间不宜太久，因为牛肉片较薄，煮太久肉质易变老。

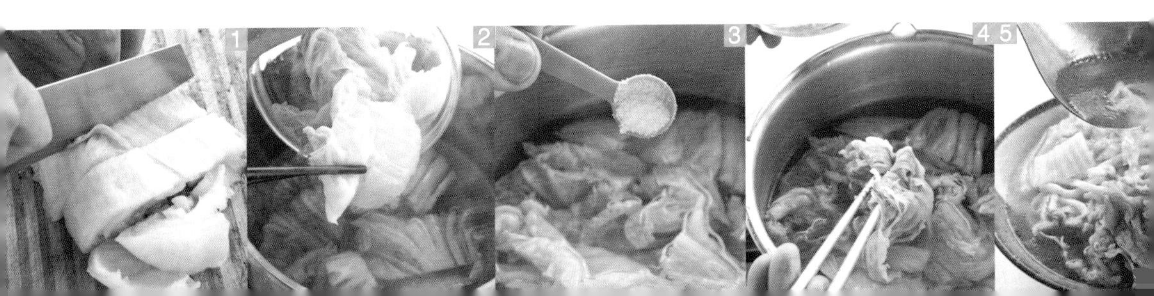

胡椒牛肉面

材料

胡椒牛肉汤　500毫升
宽面　适量
小白菜　适量
香菜　适量

做法

1. 将宽面放入沸水中煮约4.5分钟，期间以筷子略微搅动数下，再捞出沥干，备用。
2. 小白菜洗净后切段，放入沸水中汆烫约1分钟后捞起。
3. 取一碗，将煮熟的宽面放入碗中，再倒入胡椒牛肉汤，加入汤中的牛腱块，放上烫熟的小白菜和香菜即可。

胡椒牛肉汤

材料

牛腱300克，胡椒粒30克，姜50克，牛骨高汤（做法见14页）3000毫升

调料

盐1大匙，米酒1大匙

做法

1. 牛腱入沸水中汆烫去脏血后，捞起沥干，再放入牛骨高汤中煮约30分钟后，捞出牛腱放凉，待凉后切厚块，备用。
2. 姜去皮切片，备用。
3. 将汆烫好的牛腱块、姜片、胡椒粒放入砂锅中，再加入所有调料和煮过牛腱的牛骨高汤，一同以小火炖煮约2.5个小时即可。

蔬菜牛肉面

材料

蔬菜牛肉汤　500毫升
拉面　适量

做法

1. 将拉面放入沸水中煮约3.5分钟，期间以筷子略微搅动数下，再捞出沥干，备用。
2. 取一碗，将煮熟的拉面放入碗中，再倒入蔬菜牛肉汤，加入汤中的牛腿肉块及煮熟的蔬菜即可。

蔬菜牛肉汤

材料

牛腿肉300克，西红柿3个，洋葱约120克，芹菜、胡萝卜、圆白菜各80克，姜50克，牛骨高汤（做法见14页）3000毫升

调料

盐1/4茶匙

做法

1. 将牛腿肉放入沸水中汆烫去脏血后，捞出沥干，再切成块状，备用。
2. 将西红柿、芹菜、胡萝卜、圆白菜分别以清水洗净后，均切成适当大小的块状；姜去皮切片；洋葱洗净切小片，备用。
3. 将西红柿块、芹菜块、胡萝卜块、圆白菜块、姜片、洋葱片和汆烫好的牛腿肉块放入砂锅内，再加入牛骨高汤以小火炖煮2.5个小时，起锅前加入盐调味即可。

泡菜牛肉面

材料

牛肋条	300克
阳春面（宽）	适量
清炖牛肉汤 （做法见35页）	800毫升
韩式泡菜	180克
洋葱丝	80克
葱丝	适量

调料

盐	1/2茶匙
鸡精	1茶匙
白糖	1/4茶匙
米酒	1茶匙

做法

1. 先将牛肋条放入沸水中汆烫去血水，再捞起沥干，切小块，备用。热锅，将140克的韩式泡菜和洋葱丝放入锅内炒约1分钟。
2. 倒入清炖牛肉汤。
3. 再加入汆烫好的牛肋条块。
4. 接着加入所有调料煮约1个小时，即成汤料，备用。
5. 将阳春面放入沸水中煮熟（期间以筷子略微搅动数下），再捞起沥干，放入碗内。接着将汤料淋入煮熟的面上，再摆上剩余的泡菜和葱丝即可。

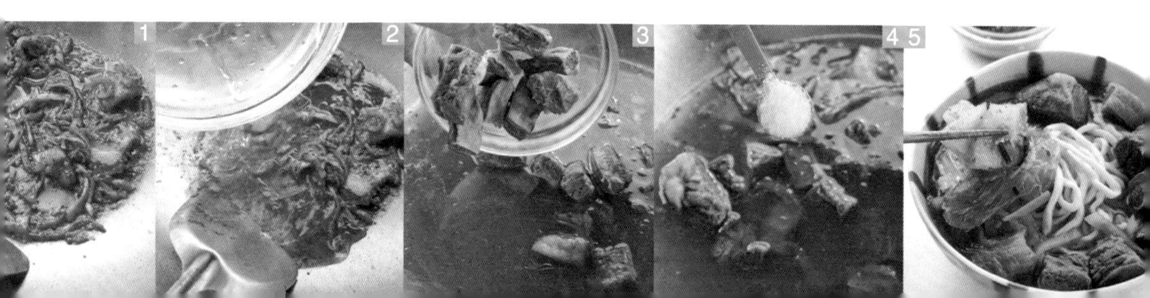

西红柿牛肉面

材料

西红柿牛肉汤	500毫升
拉面	适量
小白菜	适量
葱花	少许

做法

1. 将拉面放入沸水中煮约3.5分钟，期间以筷子略微搅动数下，再捞出沥干，备用。
2. 小白菜洗净后切段，放入沸水中汆烫约1分钟后，捞起沥干，备用。
3. 取一碗，将煮好的拉面放入碗中，再倒入西红柿牛肉汤，加入汤中的熟牛肉块，最后放上烫熟的小白菜与葱花即可。

西红柿牛肉汤

材料

熟牛肉300克，西红柿500克，洋葱约120克，牛脂、姜各50克，红葱头30克，色拉油少许，牛骨高汤（做法见14页）3000毫升

调料

盐1茶匙，番茄酱2大匙，豆瓣酱、白糖各1大匙

做法

1. 熟牛肉切块；洋葱洗净切碎；西红柿洗净切小丁；姜与红葱头去皮后切末，备用。
2. 将牛脂放入沸水中汆烫去脏后，捞出沥干、切小块，备用。
3. 热锅，加少许色拉油，放入汆烫好的牛脂块翻炒，炒至牛脂块呈现微黄焦干的状态后，放入姜末、红葱头末与洋葱碎炒香，再放入豆瓣酱、西红柿丁略炒，最后加入熟牛肉块炒约2分钟。
4. 接着放入牛骨高汤以小火煮约1个小时，最后加入剩余调料续煮约15分钟即可。

胡椒牛肉面

材料

熟牛肉	150克
阳春面	150克
青菜	适量
胡椒牛肉汤头	500毫升
香菜	少许

调料

盐	1/2茶匙
白胡椒粉	少许

做法

1. 将胡椒牛肉汤头中已煮熟的牛肉取出，切成小块，备用。
2. 阳春面放入沸水中煮熟后，捞出沥干；青菜入沸水烫熟后捞出，将煮熟的阳春面和烫熟的青菜放入碗内。
3. 再将胡椒牛肉汤头加入所有调料拌匀后倒入盛有面的碗中，接着放入熟牛肉块，最后撒上香菜即可。

胡椒牛肉汤头

材料

牛肉600克，牛骨1000克，水3000毫升，米酒200毫升，胡椒200克，盐1茶匙，香菜头300克

做法

1. 牛肉、牛骨汆烫后洗净，放进汤锅中。
2. 将水、米酒倒入汤锅中，再加入胡椒、香菜头、盐，一同以小火熬煮约4个小时即可。

果汁牛腩汤面

材料

牛肋条	400克
阳春面（细）	适量
苹果	1个（约80克）
西红柿	约250克
甜橙	2个
牛骨高汤（做法见14页）	800毫升
色拉油	1大匙
姜末	1/2茶匙
蒜末	1/2茶匙
葱花	1茶匙
洋葱片	50克
上海青	适量

调料

番茄酱	2大匙
白醋	1大匙
白糖	1大匙
盐	1/2茶匙

做法

1. 牛肋条放入沸水中汆烫去血水后，捞起沥干，再切成小块状；甜橙放入果汁机中榨汁，备用。
2. 苹果去皮后切块，放入果汁机中搅打成泥；西红柿洗净切块，备用。
3. 热锅，倒入色拉油，放入姜末和蒜末炒香，再加入汆烫过的牛肋条块略炒，接着放入苹果泥、西红柿块炒约3分钟，然后加入牛骨高汤、洋葱片、甜橙汁和所有调料拌匀，一同以小火煮至材料变软，即成汤料，备用。
4. 将阳春面放入沸水中煮熟（期间以筷子略微搅动数下），再捞起沥干，放入碗内；上海青洗净对切，放入沸水中烫熟后，放在煮熟的阳春面上。
5. 再将汤料淋入盛有面的碗中，最后撒上葱花即可。

辣茄牛肉面

材料

牛腱心　1个（约600克）
阳春面（宽）　适量
牛骨高汤　600毫升
（做法见14页）
胡萝卜　250克
姜末　1/2茶匙
蒜末　1/2茶匙
洋葱末　100克
葱花　1茶匙
色拉油　1大匙
香菜　适量

调料

盐　1茶匙
番茄酱　3大匙
辣椒酱　1茶匙
白糖　1大匙

做法

1. 将牛腱心放入沸水中汆烫去血水后，捞起沥干、切小块；胡萝卜去皮后切小块，放入果汁机中打成胡萝卜泥，备用。
2. 热锅，倒入色拉油，放入蒜末炒香。
3. 再加入洋葱末、姜末及所有调料略炒。
4. 接着加入牛骨高汤。
5. 然后将汆烫好的牛腱心和胡萝卜泥放入，以小火将材料煮至软，即成汤料，备用。
6. 将阳春面放入沸水中煮熟（期间以筷子略微搅动数下），再捞起沥干，放入碗内。最后将汤料淋入盛有面的碗中，撒上葱花、香菜即可。

寿喜烧拉面

材料

菲力火锅肉片	300克
白芝麻	5克
葱段	50克
葱花	30克
豆腐	1/2块
茼蒿	200克
色拉油	1大匙
拉面	260克
牛骨高汤 （做法见14页）	1200毫升

腌料

柴鱼酱油	35毫升
味啉	20毫升
白酒	15毫升
白糖	6克

调料

盐	6克

做法

1. 菲力火锅肉片加入所有腌料拌匀、腌渍约20分钟至入味；白芝麻炒至呈金黄色，备用。
2. 锅内放入1大匙色拉油烧热，加入葱花、熟白芝麻和葱段炒至葱段呈金黄色后，放入腌好的菲力火锅肉片，以大火炒至肉片七成熟后即可盛起。
3. 牛骨高汤加盐煮沸后，放入豆腐煮熟，再放入七成熟的菲力火锅肉片及茼蒿拌匀，即成汤料，备用。
4. 拉面煮熟后放入碗内，倒入所有汤料即可。

鲜嫩牛肝面

材料

牛肝220克，葱、姜丝各50克，猪油20克，水约1000毫升，菠菜100克，阳春面适量

调料

盐10克，米酒30毫升，白胡椒8克，白酱油10毫升，鸡精5克，香油15毫升

做法

1. 牛肝洗净切薄片；菠菜洗净切段；葱洗净切段，备用。
2. 热锅，放入猪油爆香姜丝和葱段，再加水煮至沸腾后，放入盐、米酒、白胡椒、白酱油、鸡精再次煮至沸腾，最后加入牛肝片、菠菜段煮熟，即成汤料，备用。
3. 阳春面以沸水汆烫至熟后，捞起放入碗内，再加入所有汤料，食用前加入香油调味即可。

滋养牛心面

材料

牛心250克，面条适量，清水1200毫升，猪油30克，葱50克，姜丝60克

调料

米酒20毫升，盐10克，香油15毫升

做法

1. 葱洗净切段；面条以沸水汆烫至熟后，捞起放入碗内，备用。
2. 热锅，以猪油爆香葱段和姜丝，再加入清水煮至沸腾，接着加入米酒、盐拌匀，即成汤料，备用。
3. 牛心洗净后切薄片，以沸水快速汆烫后，捞起放入盛有面条的碗内，再加入所有汤料，食用前滴入香油即可。

阳春面

材料

阳春面150克，小白菜35克，高汤350毫升，葱花、红葱酥（做法见76页）各适量

调料

盐1/4小匙，鸡精少许

做法

1. 小白菜洗净、切段，备用。
2. 阳春面放入沸水中搅散，待沸腾后，再煮约1分钟，然后放入小白菜段稍汆烫，立即捞出面条和小白菜段，沥干后放入碗中。
3. 高汤煮沸后，加入所有调料拌匀，接着倒入盛有面条的碗中，再放入葱花、红葱酥即可。

美味应用

制作阳春面不需要太多的配料，汤头是美味的重点，牛骨高汤、鸡高汤、鱼高汤等任您选择。红葱酥可以买新鲜的红葱头回家自己炸，香气更浓郁。

切仔面

材料

油面200克，韭菜、豆芽各20克，熟猪瘦肉150克，高汤300毫升，红葱酥（做法见76页）少许，香菜适量

调料

盐1/4小匙，鸡精、胡椒粉各少许

做法

1. 韭菜洗净后切段，豆芽去根部后洗净，将洗净的韭菜段、豆芽放入沸水中汆烫至熟后捞出；熟猪瘦肉切片，备用。
2. 油面放入沸水中稍汆烫，捞出沥干后放入碗中，再加入烫熟的韭菜段、豆芽与猪肉片。
3. 高汤煮沸后，加入所有调料拌匀，然后倒入盛有面的碗中，最后加入红葱酥，撒入香菜即可。

美味应用

熟猪瘦肉洗净，放入沸水中稍汆烫，取出后放入煮沸的高汤中煮约30分钟，味道会更香。

爽口牛腰面

材料

牛腰	300克
米酒	40毫升
姜末	30克
猪油	30克
小白菜	200克
姜丝	60克
葱	50克
阳春面	适量

调料

盐	10克
鸡精	5克
白胡椒粉	8克
冷水	1200毫升
米酒	30毫升
香油	15毫升

做法

1. 牛腰洗净切片，以材料中的米酒及姜末揉搓；小白菜、葱均洗净切段，备用。
2. 热锅，放入猪油，加入姜丝和葱段爆香，再放入所有调料煮沸，接着放入洗净的牛腰片煮熟，即成汤料，备用。
3. 将阳春面和小白菜段以沸水氽烫至熟后，捞起放入碗内，再加入全部汤料，食用前可另加入少许香油、米酒调味即可。

备注：调料中的米酒及香油可留一些在食用前加入，味道会很香。

担仔面

材料

细油面	200克
鲜虾	1只
韭菜段	15克
豆芽	20克
卤蛋	1个
香卤肉臊酱	适量
香菜	少许
高汤	350毫升

调料

盐	少许
胡椒粉	少许
鸡精	1/4小匙

做法

1. 鲜虾去肠泥，放入沸水中汆烫至变色后捞出，去头和虾壳；韭菜段和豆芽洗净放入沸水中略汆烫后捞起。
2. 取锅，倒入高汤煮至沸腾后，加入所有调料混合拌匀。
3. 细油面放入沸水中略汆烫后，捞起盛入碗内，再放入汆烫后的虾肉、韭菜段、豆芽及卤蛋、香卤肉臊酱，接着倒入拌有调料的高汤，最后撒上香菜即可。

香卤肉臊酱

材料

猪肉馅600克，红葱末80克，水1000毫升，色拉油适量

调料

盐、冰糖各少许，酱油100毫升，米酒2大匙，胡椒粉、五香粉各少许

做法

1. 热锅，倒入适量色拉油，加入红葱末炒至金黄后盛出。
2. 原锅留少许油，放入猪肉馅炒至肉色变白后，加入所有调料炒香，再放入炒过的红葱末和1000毫升水，转小火卤50分钟即可。

鹅肉面

材料

熟鹅肉100克，姜丝少许，葱10克，
高汤500毫升，油面200克

调料

鸡精、盐各1/4小匙，胡椒粉少许，香油少许

做法

1. 葱洗净切葱花；熟鹅肉切片，备用。
2. 高汤煮沸，加入鸡精和盐拌匀，即成汤料，备用。
3. 煮一锅水，待水沸腾后，放入油面拌散，即可捞起沥干，盛入碗内。
4. 再将葱花、熟鹅肉片、姜丝放入盛有面条的碗中，然后淋入适量汤料，最后加入香油及胡椒粉调味即可。

美味应用

自己煮鹅肉容易将肉质煮得又老又硬，建议可以将生的鹅肉先汆烫去血水和脏污后，再放入沸水中以小火慢煮20～30分钟，最后熄火加盖闷熟，这样做出来的肉质就不会太老，煮鹅肉的汤也能当作高汤使用。

蚵仔面

材料

油面200克，牡蛎100克，韭菜段30克，
红葱酥（做法见76页）、淀粉各适量，
高汤350毫升

调料

盐1/4小匙，鸡精、白胡椒粉各少许，米酒少许

做法

1. 牡蛎洗净、沥干，放入淀粉中拌匀（让牡蛎表面均匀地裹上淀粉即可），再放入沸水中汆烫至熟后，捞起备用。
2. 油面与韭菜段放入沸水中稍汆烫后，捞出放入碗内，再放入烫熟的牡蛎。
3. 高汤煮沸后加入所有调料拌匀，接着倒入盛有面条的碗中，最后放入红葱酥即可。

美味应用

将牡蛎煮熟且肉质不过度紧缩是有诀窍的，只要在汆烫前裹上一层薄薄的淀粉，汆烫后立即捞起即可。另外，不要与汤一起煮，以免牡蛎煮太久会失去口感和鲜味。

排骨酥面

材料

阳春面	适量
猪排骨块	300克
白萝卜	300克
淀粉	150克
香菜	少许
高汤	800毫升
色拉油	适量

腌料

五香粉	1茶匙
红葱酥	1茶匙
蒜泥	1茶匙
葱花	1茶匙
米酒	1大匙
酱油	1茶匙
盐	1茶匙
白糖	1茶匙

调料

盐	1茶匙
鸡精	1/2茶匙

做法

1. 将所有腌料混合拌匀，再将排骨块放入拌匀的腌料中抓匀、腌渍约1个小时，备用。
2. 将腌好的排骨块蘸上淀粉，再用手抓紧实，让淀粉牢牢地裹在排骨块上。
3. 将裹有淀粉的排骨块放入热油中，炸至表面金黄后捞出，即为排骨酥。
4. 白萝卜去皮切块，放入电饭锅内锅中，再加入高汤、排骨酥及盐、鸡精，外锅加入1杯水，按下开关，煮至开关跳起且白萝卜块软烂，即成汤料，备用。
5. 阳春面入沸水中汆烫至熟后，捞出放入汤碗内，再加入汤料、撒上香菜即可。

红葱酥

材料

猪油100克，红葱末50克

做法

炒锅烧热，以小火将猪油完全融化，加入红葱末翻炒，炒至红葱末呈金黄色后即可熄火，再利用余温继续翻炒至略凉后，盛盘即可。

榨菜肉丝面

材料

阳春面（细）	100克
葱花	适量
蒜末	1大匙
榨菜丝	250克
猪瘦肉丝	150克
红辣椒	1个
色拉油	2大匙
肉骨高汤（做法见14页）	1100毫升

调料

盐	1/2小匙
白糖	1小匙
鸡精	1小匙
米酒	1大匙
香油	适量

做法

1. 红辣椒洗净切片，备用。
2. 锅烧热，倒入2大匙色拉油，放入红辣椒片、蒜末、榨菜丝爆香。
3. 再放入猪瘦肉丝及1/4小匙盐、白糖、1/2小匙鸡精、米酒、香油、100毫升肉骨高汤，炒至汤汁收干。
4. 接着加入1/4小匙盐、1/2小匙鸡精和1000毫升肉骨高汤煮至沸腾，即为榨菜肉丝汤头。
5. 将阳春面放入沸水中汆烫约1分钟后，捞起沥干，放入碗内。
6. 再于盛面碗中加入适量榨菜肉丝汤头，最后撒上葱花即可。

肉骨茶面

材料

肉骨茶汤头 500毫升
宽面 150克
油条 1根

调料

盐 1/2小匙

做法

1. 将肉骨茶汤头加盐煮沸，备用。
2. 宽面入沸水中烫熟后，捞起沥干，置于碗中，备用。
3. 将肉骨茶汤头中的排骨取出切小块，油条撕小块，均匀铺于烫熟的面上，再淋上煮沸的肉骨茶汤头即可。

肉骨茶汤头

材料

猪骨500克，排骨200克，大蒜8瓣，
水3000毫升，市售肉骨茶药包1包，胡椒粒少许

做法

1. 猪骨、排骨入沸水汆烫后，捞起洗净、沥干。
2. 将汆烫后的猪骨、排骨与大蒜、水、肉骨茶药包、胡椒粒一同放入锅内，以小火熬煮约4个小时即可。

排骨面

材料

猪排骨500克，淀粉适量，细面100克，
猪骨高汤（做法见14页）250毫升，
上海青、葱花、盐各少许，色拉油适量

腌料

酱油、米酒各1大匙，白糖、胡椒粉、蒜末各少许

做法

1. 猪排骨洗净，用刀背拍松后，加入所有腌料拌匀，腌渍约30分钟至入味。
2. 将腌好的猪排骨加入淀粉裹匀，再放入约170℃的油温中炸熟，备用。
3. 将细面与上海青放入沸水中汆烫至熟后，捞起放入碗内，再加入猪骨高汤、盐，撒上葱花，最后将炸好的猪排骨，放于面条上即可。

美味应用 猪排骨拍松断筋，炸出来的肉质才不会太硬。将炸好的猪排骨最后加入面中，食用时就能同时享受猪排骨的酥脆和吸收汤汁后的软嫩口感。

锅烧意面

材料

炸意面适量，鲜虾2只，蛤蜊3个，鱼板2块，
墨鱼30克，上海青50克，鲜香菇1朵，水60毫升

调料

盐、鸡精各1/2小匙，胡椒粉少许

做法

1. 鲜虾洗净后，用牙签挑去肠泥；上海青、鲜香菇均去蒂头、洗净，备用；蛤蜊、鱼板、墨鱼洗净，备用。
2. 取锅加水，煮至沸腾后，放入处理好的鲜虾、鲜香菇、蛤蜊、墨鱼、鱼板与炸意面。
3. 再放入所有调料以及上海青，待再次煮沸后拌匀即可。

美味应用 炸过的意面口感特殊，烹饪时不易糊掉，所以可与汤一起煮，让面充分吸收汤汁的美味。

什锦汤面

材料

油面	400克
圆白菜	100克
胡萝卜片	10克
葱段	25克
蒜末	5克
猪肉片	50克
猪肝片	50克
墨鱼片	50克
蛤蜊	100克
鲜虾	60克
高汤	1000毫升
色拉油	2大匙

调料

盐	1/2小匙
鸡精	1/2小匙
酱油	1/2小匙
陈醋	1/2小匙
胡椒粉	少许
米酒	1小匙

做法

1. 鲜虾洗净后去肠泥、去须；蛤蜊泡水吐完沙后洗净；圆白菜洗净后切小片，备用。
2. 炒锅烧热，加入2大匙色拉油爆香蒜末、葱段后，加入猪肉片、猪肝片、墨鱼片稍翻炒，再加入胡萝卜片、圆白菜片炒至微软。
3. 接着加入洗净的蛤蜊、鲜虾、高汤及所有调料煮匀，即成什锦汤。
4. 把油面放入沸水中汆烫至沸腾后捞出，最后放入什锦汤中即可。

美味应用

什锦汤面因食材丰富而广受欢迎，其美味秘诀在于食材事先处理很到位，像是蛤蜊一定要先吐沙，鲜虾也最好去除肠泥后再烹饪，这样才不会影响风味。

海鲜汤面

材料

鲷鱼片	60克
墨鱼	30克
圆白菜	30克
蛤蜊	4个
牡蛎	20克
胡萝卜	10克
葱	10克
拉面	120克
高汤	350毫升

调料

盐	3/4小匙

做法

1. 蛤蜊洗净后，放入盐水中吐沙，待约2个小时后，换一次盐水，再放置吐沙约2个小时，然后捞出洗净，沥干备用；圆白菜洗净切丝；胡萝卜去皮、洗净、切丝；葱洗净切段，备用。
2. 墨鱼撕去表层薄膜后，洗净切小段；鲷鱼片洗净切小片，加1/4小匙盐抓匀腌渍一会儿；牡蛎洗净。
3. 备一锅沸腾的水，放入墨鱼段、腌过的鲷鱼片及牡蛎氽烫一下后捞起，备用。
4. 拉面放入沸水中煮约2分钟至熟后，捞起沥干，放入碗中。
5. 高汤煮沸后，加入氽烫过的墨鱼段、鲷鱼片、牡蛎及吐沙完全的蛤蜊、圆白菜丝、胡萝卜丝，再加入1/2小匙盐调味，煮至蛤蜊张开后，加入葱段拌匀，最后全部倒入盛有拉面的碗中即可。

赤肉羹面

材料

阳春面	适量
猪瘦肉	150克
干香菇	6朵
竹笋	约50克
黑木耳	20克
胡萝卜	少许
香菜	适量
高汤	350毫升
水淀粉	1大匙

调料

盐	1茶匙
陈醋	1大匙
鸡精	1/2茶匙

腌料

五香粉	1/2茶匙
胡椒粉	1/2茶匙
香油	1/2茶匙
盐	1茶匙
料酒	1茶匙
淀粉	1大匙

做法

1. 猪瘦肉洗净切片，加入所有腌料拌匀，腌渍约10分钟，备用。
2. 竹笋、黑木耳、胡萝卜均洗净切丝；干香菇泡软后切丝，备用。
3. 将腌好的猪瘦肉片放入沸水中，以小火煮熟后捞出，即为赤肉羹。
4. 高汤煮沸，加入竹笋丝、黑木耳丝、胡萝卜丝、香菇丝拌匀，再加入所有调料调味后，以水淀粉勾芡，然后加入赤肉羹，即成汤料，备用。
5. 阳春面煮熟，放入碗中，再将汤料倒入碗中，最后撒上香菜即可。

肉馅大羹面

材料

阳春面	200克
猪肉馅	180克
红葱末	30克
虾皮	10克
虾米	10克
萝卜干碎	100克
韭菜	80克
水	2100毫升
色拉油	3大匙

调料

酱油	2大匙
米酒	1小匙
白糖	1/2小匙
胡椒粉	少许
陈醋	少许

做法

1. 热锅，加入2大匙色拉油，爆香20克红葱末至微干，再加入猪肉馅炒散，续加入酱油、米酒、白糖炒香，再加入500毫升的水煮沸，盖上锅盖，转小火续煮约40分钟，即为肉臊，备用。
2. 另起锅，放入1大匙色拉油烧热后，爆香10克红葱末，再加入虾皮、虾米炒香，续放入萝卜干碎炒至全干，接着加入胡椒粉炒香，即为配料，备用。
3. 韭菜切段，放入沸水中汆烫至熟后，捞起沥干。
4. 阳春面切段，放入1600毫升的沸水中煮至糊稠，即为大羹面。
5. 将大羹面盛入碗中，再加入肉臊、配料、烫熟的韭菜段，最后添加少许陈醋调味即可。

香菇肉羹面

材料

肉羹 200克
（做法见85页）
香菇 2朵
红葱末 5克
蒜末 5克
胡萝卜丝 15克
熟笋丝 20克
水淀粉 适量
豆芽 适量
香菜 适量
高汤 700毫升
细油面 200克
色拉油 1大匙

调料

白酱油 1大匙
冰糖 1/3大匙
鸡精 1/2小匙
香油 少许
陈醋 少许
盐 少许
胡椒粉 少许

做法

1. 香菇洗净、泡软、切丝，备用。
2. 热锅，加入1大匙色拉油爆香红葱末、蒜末至金黄后取出，即成红葱蒜酥，备用。
3. 原锅留少许油，放入香菇丝炒香，再加入高汤煮沸，接着放入胡萝卜丝、熟笋丝煮约1分钟，然后加入红葱蒜酥以及白酱油、盐、冰糖、鸡精调味，最后以水淀粉勾芡，即成羹汤，备用。
4. 煮一锅水，待水沸腾后，放入细油面拌散，汆烫约15秒后，捞起沥干，盛入碗中；再将肉羹与豆芽放入沸水中略汆烫后，盛入面条碗中。
5. 在面条碗中再加入适量羹汤、香油、陈醋、胡椒粉拌匀，最后撒上香菜即可。

肉羹

材料

猪瘦肉200克，猪肥肉50克，
红葱酥（做法见76页）5克

调料

盐、白糖各1/2小匙，香油1/4小匙，
五香粉、胡椒粉各1/4小匙，淀粉10克

做法

1. 猪瘦肉洗净、切去筋膜，再以肉锤拍成泥状，备用。
2. 猪肥肉洗净，以刀剁成蓉状，备用。
3. 将猪瘦肉泥放入盆中，加少量盐拌匀后用力摔打约10分钟。
4. 再加入剩余的盐、白糖、五香粉、胡椒粉、香油和红葱酥继续摔打约1分钟。
5. 接着加入猪肥肉蓉摔打约3分钟。
6. 然后加入淀粉充分搅拌均匀。
7. 最后封上保鲜膜，放入冰箱冷藏约30分钟。
8. 取锅加水至约六分满，将水烧热至85~90℃，再取出冷藏好的肉泥。
9. 将肉泥做成长条状，放入热水中以小火煮至浮出水面约30秒钟后，捞起沥干，放置冷却即可。

马鲛鱼羹面

材料

马鲛鱼条　500克
大白菜丝　250克
黑木耳丝　50克
胡萝卜丝　50克
红葱酥　80克
姜末　60克
油面　150克
蒜泥　适量
香菜　适量
鱼高汤　1500毫升
（做法见15页）
色拉油　适量

腌料

葱段　60克
姜片　40克
胡椒粉　1小匙
米酒　100毫升

调料

淀粉　适量
水淀粉　适量
米酒　60毫升
陈醋　60毫升
香油　1大匙
盐　1小匙
白糖　2大匙
胡椒粉　2小匙

做法

1. 将马鲛鱼条与所有腌料拌匀，腌渍约30分钟后，取出马鲛鱼条，再蘸裹上淀粉，然后放入约170℃的油温中，以中火炸至金黄酥脆后，捞出备用。
2. 鱼高汤煮至沸腾后加入大白菜丝、黑木耳丝、胡萝卜丝、红葱酥、姜末与盐、白糖、胡椒粉、米酒，待再次沸腾后，倒入水淀粉勾芡，再加入炸好的马鲛鱼条、蒜泥、陈醋与香油拌匀，即为马鲛鱼羹。
3. 将油面放入沸水中汆烫至熟后，捞起沥干，盛入碗中，再加入适量的马鲛鱼羹，并加入香菜增香即可。

沙茶鱿鱼羹面

材料

鱿鱼羹适量，白萝卜100克，笋丝50克，干黄花菜10克，柴鱼片8克，高汤2000毫升，罗勒5克，油面150克

调料

盐1小匙，白糖1/2小匙，酱油1/2小匙，沙茶酱2大匙，淀粉50克，水75毫升

做法

1. 白萝卜洗净去皮后刨成细丝，干黄花菜泡软洗净后去蒂；将白萝卜丝、黄花菜、笋丝一起放入沸水中汆烫至熟后捞出，再放入高汤中以中大火煮至沸腾，接着加入盐、白糖、酱油和柴鱼片续煮至沸腾。
2. 将淀粉和水调匀，慢慢淋入高汤，并不断搅拌至完全淋入，待再次沸腾后加入沙茶酱和鱿鱼羹拌匀，即为沙茶鱿鱼羹。
3. 油面煮熟后盛入碗中，再加入适量沙茶鱿鱼羹，最后加入罗勒调味即可。

沙茶羊肉羹面

材料

油面200克，羊肉片100克，熟笋丝20克，蒜末适量，高汤500毫升，水淀粉适量，罗勒适量，色拉油2大匙

调料

沙茶酱1.5大匙，盐、鸡精各少许，米酒1小匙，酱油1/2大匙，白糖1/2小匙

做法

1. 热锅，加入1大匙色拉油，爆香少许蒜末后，加入洗净的羊肉片翻炒至肉色变白，续加入1/2大匙沙茶酱、盐、米酒炒熟，盛起备用。
2. 重新加热锅子，放入1大匙色拉油，爆香少许蒜末后，加入1大匙沙茶酱炒香，接着加入高汤、熟笋丝与酱油、白糖、鸡精，煮沸后以水淀粉勾芡，即为羹汤。
3. 将油面放入沸水中稍汆汤，立即捞起沥干，盛入碗中，再加入炒熟的羊肉片、羹汤，最后加入罗勒调味即可。

酸辣汤面

材料

蒜末	5克
姜末	5克
葱末	5克
红辣椒末	10克
猪肉丝	100克
胡萝卜丝	15克
水淀粉	适量
黑木耳丝	25克
熟笋丝	25克
酸菜丝	25克
鸭血丝	50克
老豆腐丝	50克
高汤	900毫升
鸡蛋液	55毫升
手工面条	175克
香菜	适量
色拉油	适量
水	适量

调料

盐	1/2小匙
鸡精	1/2小匙
白糖	1/2大匙
辣椒酱	1/2大匙
陈醋	1/2大匙
白醋	1大匙
香油	少许
胡椒粉	少许

做法

1. 热锅，以色拉油爆香蒜末、姜末、葱末、红辣椒末，再加入猪肉丝炒至肉色变白后，取出备用。
2. 重新加热锅子，倒入高汤煮沸，再加入胡萝卜丝、黑木耳丝、熟笋丝、酸菜丝、鸭血丝、老豆腐丝煮约2分钟，接着加入全部调料以及炒过的猪肉丝，再次煮沸后以水淀粉勾芡，并慢慢倒入蛋液拌匀，即为酸辣汤。
3. 煮一锅水，待水沸腾后，放入手工面条拌散，煮约1分钟后再加1碗冷水，续煮约1分钟至再次沸腾后，捞起沥干，盛入碗中，再加入适量酸辣汤，并撒上香菜增香即可。

鲜肉馄饨面

材料

猪肉馄饨　7个
阳春面　适量
青菜　适量
高汤　350毫升
葱花　1茶匙
红葱酥　1茶匙
（做法见76页）

调料

盐　1/2小匙
鸡精　1/2小匙
白糖　1/2大匙
辣椒酱　1/2大匙
陈醋　1/2大匙
白醋　1大匙
香油　少许
胡椒粉　少许

做法

1. 青菜洗净、切段，备用。
2. 煮一锅水至沸腾，放入阳春面煮2～3分钟至熟后，捞起沥干，放入碗中，备用。
3. 另煮一锅水至沸腾，放入青菜汆烫约1分钟后，捞起沥干，放在煮熟的阳春面上。
4. 将馄饨放入汤锅中，以小火煮约2分钟至熟后，捞起沥干，放入盛面的碗中。
5. 将高汤煮沸后，加入所有调料拌匀，待再次煮沸后，全部倒入盛有面条的碗中，最后撒上红葱酥及葱花即可。

馄饨和面分开煮熟，上桌前再淋入高汤，这样馄饨面吃起来就不会太烂，汤头喝起来也不会黏黏糊糊的。另外，高汤选择鸡高汤或肉骨高汤都很适合。

菜肉馄饨面

材料

阳春面	适量
猪肉馅	150克
西洋菜	100克
上海青	适量
姜末	5克
葱白末	5克
大馄饨皮	20张
高汤	350毫升

腌料

盐	1.5茶匙
鸡精	3/4茶匙
白糖	1/4茶匙
胡椒粉	1/2茶匙
香油	1茶匙
淀粉	1茶匙

做法

1. 将西洋菜、上海青洗净，放入沸水中汆烫1分钟后捞起，再将汆烫后的西洋菜以冷水冲净，最后挤干、切碎，备用。
2. 猪肉馅加1茶匙盐拌匀，摔打至有黏性后，加入姜末、葱白末及1/2茶匙鸡精、胡椒粉、白糖、香油、淀粉拌匀，再加入西洋菜碎拌匀成馄饨馅，然后用馄饨皮包起，备用。
3. 将阳春面放入沸水中煮约2.5分钟后，捞出放入碗中；高汤加入1/2茶匙盐、1/4茶匙鸡精煮沸，备用。
4. 将包好的馄饨放入沸水中以小火煮约4分钟后，捞出放入盛有面条的碗中，接着加入烫熟的上海青及煮沸的高汤即可。

PART 2

汁香味浓的拌面、炒面

拌面、炒面好吃的秘诀就在酱料，善于利用多种调料，调配出浓郁鲜香的酱料，是拌面、炒面成功的关键，再加上弹性十足的面条，一碗香气四溢、美味可口的拌面、炒面就轻而易举地完成了，对于不想花较多时间做饭的人，拌面、炒面会是您的绝佳选择之一。

制作拌面、炒面的美味秘诀

秘诀1

做出有弹性的面条是关键

要煮出美味可口的面条，有以下几个重点：

① 煮面最好选择不锈钢锅，使用铁锅或铝锅容易影响面条的弹性和颜色。

② 水量约为面量的10倍，水量足够，面才能均匀熟透。

③ 面条下锅后，必须用筷子迅速搅散或略微向上挑起，以防面条沾黏。

④ 煮好的面捞起后过冷水降温，能让面条更有弹性。

秘诀2

酱料最后放，小火慢炒更香

拌料可以说是拌面、炒面的灵魂，要做出美味的拌料，除了食材的选择之外，放入食材的顺序也很重要。辛香料要先下锅爆香，待香气完全释放后，再加入一般食材炒香，最后再将酱料加入，以小火慢慢炒，这样炒出来的拌料会更香。

秘诀3

拌面时要带点汤水

干面要拌入多少酱，基本上可视个人喜好而定，但为了让面条与拌料充分拌匀，拌面时都要带点汤水，这样面条才能充分吸收拌料的香气，也可避免面条在拌的过程中断碎的情况发生。

椒麻牛肉拌面

材料

牛肋条	300克
阳春面（细）	适量
牛骨高汤 （做法见14页）	300毫升
干辣椒	3个
花椒	1/2茶匙
洋葱片	80克
蒜苗末	1茶匙
色拉油	适量

调料

蚝油	1大匙
盐	1/4茶匙
陈醋	2茶匙

做法

1. 先将牛肋条放入沸水中汆烫去血水，再捞起沥干，切小块；干辣椒剪成小段，泡水至软，备用。热锅，倒入2大匙色拉油，将泡软的干辣椒段和花椒以小火炸至棕红色后，捞出沥油，再切成细末。
2. 另热锅，加入适量色拉油，放入干辣椒末、花椒末、洋葱片炒匀。
3. 再放入汆烫好的牛肋条块一同炒约3分钟。
4. 接着加入牛骨高汤、蚝油、盐。
5. 再倒入陈醋，一同煮至材料变软后即成拌料，备用。将阳春面放入沸水中煮熟（期间以筷子略微搅动数下），再捞起沥干，放入碗内，接着放入拌料，最后撒上蒜苗末即可。

香辣牛肉拌面

材料

牛肋条	300克
阳春面（细）	适量
牛骨高汤（做法见14页）	100毫升
洋葱片	80克
辣牛油（做法见22页）	1大匙
蒜末	1茶匙
葱花	1茶匙
花生	1大匙
色拉油	1大匙

调料

蚝油	1大匙
盐	1/4茶匙
白糖	1茶匙

做法

1. 先将牛肋条放入沸水中汆烫去血水，再捞起沥干，切小块。
2. 热锅，倒入色拉油，放入洋葱片、蒜末及汆烫后的牛肋条块炒约3分钟，再加入牛骨高汤和所有调料，以小火煮至材料变软，即成拌料，备用。
3. 将阳春面放入沸水中煮熟（期间以筷子略微搅动数下），再捞起沥干，放入碗内。
4. 接着将做好的拌料倒入盛有面条的碗中拌匀，再加入辣牛油、葱花和花生调味即可。

京酱牛肉拌面

材料

肥牛肉片	200克
阳春面（宽）	适量
牛骨高汤（做法见14页）	300毫升
姜末	1/2茶匙
蒜末	1/2茶匙
小白菜	80克
葱丝	1茶匙
水淀粉	1茶匙
色拉油	1大匙

调料

甜面酱	1大匙
盐	1/4茶匙
蚝油	1茶匙
白糖	1茶匙

做法

1. 热锅，倒入色拉油，放入蒜末、姜末炒香，再放入甜面酱炒约2分钟，接着加入肥牛肉片炒约3分钟后，加入牛骨高汤和剩余调料，以小火煮至汤汁略收，再以水淀粉勾芡后熄火，即成拌料，备用。
2. 将阳春面放入沸水中煮熟（期间以筷子略微搅动数下），再捞起沥干，放入碗内；小白菜洗净切段，放入沸水中烫熟后捞出，备用。
3. 最后将拌料淋入盛有面条的碗中，摆上烫熟的小白菜段和葱丝即可。

啤酒牛肉面

材料

牛肋条	300克
阳春面（细）	适量
牛骨高汤（做法见14页）	300毫升
洋葱片	80克
干辣椒段	10克
花椒粒	1/2茶匙
蒜苗段	50克
芹菜段	30克
啤酒	1/2罐
辣牛油（做法见22页）	1茶匙
色拉油	适量

调料

辣豆瓣酱	1茶匙
白糖	1茶匙
盐	1/4茶匙

做法

1. 先将牛肋条放入沸水中汆烫去血水，再捞起沥干，切小块。
2. 热锅，倒入色拉油，放入洋葱片、干辣椒段、蒜苗段和芹菜段炒香，再加入汆烫过的牛肋条块炒约3分钟，接着加入花椒粒、啤酒、牛骨高汤和所有调料，将材料煮至软后即成拌料，备用。
3. 将阳春面放入沸水中煮熟（期间以筷子略微搅动数下），再捞起沥干，放入碗内。
4. 接着将拌料淋入盛有面条的碗中拌匀，最后加入辣牛油调味即可。

咖喱牛肉拌面

材料

牛肋条	300克
牛骨高汤（做法见14页）	250毫升
阳春面（细）	适量
花生	1大匙
酸菜	1大匙
红葱酥（做法见76页）	1茶匙
熟白芝麻	1/2茶匙
香菜	适量
葱花	1茶匙
辣油（做法见21页）	1茶匙
色拉油	适量

调料

咖喱粉	1大匙
盐	1/2茶匙
白糖	1/4茶匙

做法

1. 先将牛肋条放入沸水中汆烫去血水，再捞起沥干，切小块，备用。
2. 热锅，加入适量色拉油，放入牛肋条块及咖喱粉炒约3分钟后，加入牛骨高汤和剩余调料拌匀，一同煮至牛肋条块变软、汤汁略收后熄火，即成拌料，备用。
3. 将阳春面放入沸水中煮熟（期间以筷子略微搅动数下），再捞起沥干，放入碗内，接着加入拌料、辣油拌匀。
4. 最后将花生、红葱酥、熟白芝麻、酸菜、香菜和葱花一同炒香，倒入盛有面条的碗中即可。

孜然牛肉拌面

材料

牛腱心	300克
小白菜	80克
牛骨高汤（做法见14页）	200毫升
阳春面（细）	适量
洋葱末	80克
孜然粉	1茶匙
芹菜末	1茶匙
辣椒粉	1/2茶匙
香菜	适量
色拉油	适量

调料

蚝油	1大匙
盐	1/4茶匙
白糖	1/2茶匙

做法

1. 先将牛腱心放入沸水中煮30分钟，再捞起切片。
2. 热锅，倒入适量油，放入洋葱末炒香后，放入煮好的牛腱心片炒约3分钟，再加入牛骨高汤和所有调料拌匀，一同煮至牛腱心变软，即成拌料，备用。
3. 阳春面放入沸水中煮熟（期间以筷子略微搅动数下），再捞起沥干，放入盘内；小白菜洗净切段，放入沸水中烫熟，备用。
4. 将拌料、孜然粉、辣椒粉加入盛有面条的盘中，与煮熟的阳春面一起拌匀，再摆上烫熟的小白菜段，撒上芹菜末和香菜即可。

酸辣牛肉拌面

材料

牛肋条300克，阳春面（宽）适量，
牛骨高汤（做法见14页）200毫升，
洋葱末80克，葱花1茶匙，酸菜段50克，
辣牛油（做法见22页）1茶匙，色拉油适量

调料

酱油1大匙，醋1.5茶匙，盐1/4茶匙，白糖1茶匙

做法

❶ 先将牛肋条放入沸水中汆烫去血水，再捞起沥干，切小块。

❷ 热锅，倒入适量色拉油，放入洋葱末炒香，再放入汆烫后的牛肋条块炒约3分钟，接着加入牛骨高汤和所有调料煮至牛肋条块变软，即成拌料，备用。

❸ 阳春面放入沸水中煮熟（期间以筷子略微搅动数下），再捞起沥干，放入碗内。

❹ 接着将拌料、辣牛油加入盛有面条的碗内拌匀，最后放入酸菜段，撒入葱花即可。

新疆牛肉拌面

材料

牛肋条300克，宽面适量，啤酒1罐，香菜适量，
牛骨高汤（做法见14页）100毫升，色拉油适量，
洋葱片80克，西红柿块200克，红辣椒1/2个，
蒜苗片1茶匙，辣牛油（做法见22页）1茶匙

调料

蚝油1大匙，盐1/4茶匙，白糖1茶匙

做法

❶ 先将牛肋条放入沸水中汆烫去血水，再捞起沥干，切小块；红辣椒洗净切小段，备用。

❷ 热锅，倒入适量色拉油，放入洋葱片炒香，再放入西红柿块、汆烫后的牛肋条块、红辣椒段炒约3分钟，接着加入啤酒、牛骨高汤和所有调料煮至材料变软，即成拌料，备用。

❸ 将宽面放入沸水中煮熟（期间以筷子略微搅动数下），再捞起沥干，盛入碗内，接着加入拌料、辣牛油拌匀，最后撒上蒜苗片和香菜即可。

巴东牛肉拌面

材料

牛腱心	1个（约600克）
宽面	适量
牛骨高汤（做法见14页）	800毫升
洋葱末	150克
蒜末	1大匙
红葱末	1大匙
香茅	2根
柠檬叶	3片
椰奶	1罐
香菜	适量
色拉油	适量

调料

盐	1茶匙
白糖	1/4茶匙

做法

1. 先将牛腱心放入沸水中汆烫去血水，再捞出切片；香茅洗净切段，备用。
2. 热锅，倒入色拉油，放入蒜末、红葱末炒香后，加入汆烫后的牛腱心及香茅段炒约3分钟，再加入牛骨高汤。
3. 接着加入洋葱末和所有调料。
4. 再加入柠檬叶，一同煮至材料变软、汤汁略收。
5. 然后倒入椰奶煮约3分钟后熄火，即成拌料，备用。
6. 将宽面放入沸水中煮熟（期间以筷子略微搅动数下），再捞起沥干，放入盘内，最后淋入煮好的拌料，放入香菜即可。

牛杂干拌面

材料

牛杂	60克
小白菜	50克
阳春面（细）	250克
酸菜	40克
香菜	5克
碗底油（做法见21页）	5毫升
辣油（做法见21页）	3毫升

调料

酱油	5毫升
白胡椒	1克
红葱酥	3克

做法

1. 小白菜与阳春面以沸水汆烫至熟后，捞出放入汤碗内，再在面碗中放入碗底油、辣油及所有调料搅拌均匀。
2. 接着将煮熟的牛杂放入盛有面条的汤碗中，食用前加入酸菜稍煮，撒入香菜即可。

炸酱面

材料

拉面	适量
葱	10克

调料

传统炸酱	适量

（做法见103页）

做法

❶ 葱洗净后切成葱花，备用。

❷ 煮一锅水至沸腾，将拉面放入沸水中搅散，煮约3分钟，期间以筷子略微搅动数下，再捞出沥干，备用。

❸ 将煮熟的拉面放入碗中，淋上适量的炸酱，再撒上切好的葱花，食用前搅拌均匀即可。

传统炸酱

材料

猪肉馅200克，洋葱约120克，胡萝卜50克，毛豆30克，水150毫升，色拉油适量

调料

白糖1茶匙，鸡精1/2茶匙，豆瓣酱2大匙

做法

1. 洋葱去皮切丁；胡萝卜洗净切丁，备用。
2. 热锅，加入色拉油，再放入猪肉馅炒至出油后，加入洋葱丁炒成金黄色。
3. 再加入豆瓣酱炒约2分钟至香味散出后，加入胡萝卜丁炒匀。
4. 再加入水煮至沸腾。
5. 然后依序加入剩余调料，以小火煮约1分钟。
6. 最后煮至汤汁略收干，起锅前加入毛豆煮匀，即为炸酱。

美味应用

为什么叫“炸酱”？

其实炸酱是指：以猪肉馅或猪五花肉炒出的猪油，来炸甜面酱或豆瓣酱的操作步骤，所以称之为“炸酱”。

牛肉炸酱面

材料

牛肉馅300克，阳春面(宽)适量，蒜末1茶匙，清炖牛肉汤（做法见35页）300毫升，胡萝卜丁50克，洋葱末2大匙，小白菜80克，色拉油适量

调料

豆瓣酱1大匙，甜面酱、鸡精各1茶匙，米酒1茶匙

做法

❶ 热锅，加入色拉油，放入牛肉馅翻炒至肉色变白后，加入胡萝卜丁、洋葱末、蒜末、豆瓣酱和甜面酱炒约3分钟。

❷ 再加入清炖牛肉汤和剩余调料，煮约20分钟至汤汁略收后熄火，即成拌料，备用。

❸ 阳春面煮熟后捞起沥干，放入碗内；小白菜洗净切段，放入沸水中烫熟，备用。

❹ 接着将做好的拌料淋入盛有面的碗中，再摆上烫熟的小白菜段即可。

原味麻酱面

材料

拉面150克，小白菜适量，水3000毫升

调料

麻酱汁2大匙，盐1/2茶匙，水1碗

做法

❶ 取汤锅，放入3000毫升水煮沸后，加入盐拌匀，再放入拉面煮3分钟，然后加入1/2碗水煮沸；再次加入1/2碗水煮沸后即可熄火，将拉面捞起摊开，备用。

❷ 取上一步的面汤约100毫升，放入麻酱汁拌匀，再加入煮好的拉面拌匀，备用。

❸ 小白菜洗净、切段，放入沸水中汆烫5秒后捞起，摆放在面条上即可。

辣味麻酱面

材料

阳春面	150克
蒜末	20克
韭菜段	10克
花椒	10克
辣椒粉	30克
豆芽	30克
色拉油	80毫升
水	3010毫升

调料

麻酱汁	1大匙
蚝油	1茶匙
麻辣油	1茶匙
盐	3/4茶匙
白糖	1/4茶匙
面汤	100毫升
鸡精	少许

做法

1. 花椒泡水（水量需盖过食材）约10分钟后，捞出沥干；辣椒粉放入一大碗中，加10毫升的水拌匀成辣椒汁，备用。
2. 锅中放入色拉油烧热后转小火，加入泡软后的花椒炸约2.5分钟后，用滤网捞起；再放入蒜末炒至金黄色后，将色拉油及蒜末一同盛入辣椒汁的碗中拌匀，再依序加入麻酱汁、蚝油、麻辣油、1/4茶匙盐、白糖、面汤、鸡精，充分搅拌均匀后，即成辣味麻酱汁。
3. 取汤锅，放入水3000毫升煮沸后，先加入1/2茶匙的盐，再放入阳春面煮2分钟，等再次沸腾后捞出面条沥干，盛入碗中备用；再放入韭菜段及豆芽汆烫5秒后捞起，备用。
4. 接着将辣味麻酱汁倒入盛有面条的碗中和面搅拌均匀，最后铺上烫熟的韭菜段及豆芽即可。

福州傻瓜面

材料

阳春面	适量
葱花	1大匙

调料

陈醋	2大匙
酱油	2大匙
白糖	1茶匙
香油	1茶匙

做法

1. 将所有调料放入碗中，混合拌匀。
2. 将阳春面放入沸水中搅散，煮约3分钟（期间以筷子略微搅动数下）后，捞出沥干。
3. 将煮熟的阳春面放入拌有调料的碗中。
4. 拌匀后撒上葱花即可。

美味应用

傻瓜面的做法很简单，以陈醋、酱油和香油做简单地调味，还可将香油换成猪油，味道更香。

肉臊干面

材料

猪肉馅1200克，红葱头末75克，油面110克，葱花适量，姜片15克，大蒜50克，高汤1600毫升，色拉油适量

调料

酱油180毫升，陈醋35毫升，冰糖60克，五香粉、肉桂粉、甘草粉各3克，盐20克，米酒100毫升，香油30毫升

做法

1. 热锅，放入适量油爆香红葱头末，再放入猪肉馅炒散。
2. 接着加入姜片、大蒜、高汤和所有调料（米酒、香油除外），将猪肉馅卤至入味后，加入米酒和香油拌匀，即成肉臊，备用。
3. 将油面放入沸水中烫熟，捞起沥干后，放入碗中，再拌入适量肉臊，撒入葱花即可。

沙茶拌面

材料

蒜末12克，阳春面90克，葱花6克

调料

沙茶酱、猪油各1大匙，盐1/8茶匙，陈醋、辣油各适量

做法

1. 取锅加水烧沸后，放入阳春面以小火煮1～2分钟（期间用筷子将面条搅散）后，捞出沥干，备用。
2. 将蒜末、沙茶酱、猪油及盐放入碗中拌匀后，放入煮熟的阳春面拌匀，再撒上葱花即可。亦可依个人喜好加入陈醋、辣油（做法见21页）拌食。

葱油意面

材料

意面85克，豆芽15克，炒肉末1大匙，香菜适量

调料

红葱油1大匙，盐1/6茶匙

做法

1. 取锅加水烧沸后，放入意面以小火煮约1分钟（期间用筷子将面条搅开）后，捞起沥干，备用。
2. 将红葱油及盐放入碗中拌匀后，再放入煮好的意面拌匀。
3. 豆芽以沸水略氽烫后捞起，放在拌匀的意面上，再撒上炒肉末与香菜即可。

干拌意面

材料

意面150克，豆芽25克，韭菜20克，葱花少许，肉臊适量，冷水1碗，色拉油少许

调料

盐少许

做法

1. 豆芽去根部后洗净；韭菜洗净、切段。
2. 取锅，加入少许色拉油与盐烧热，再放入意面炒匀，接着加入1碗冷水煮至沸腾后，加入豆芽与韭菜段烫熟，即可将意面、豆芽、韭菜段捞起，放入碗中。
3. 最后淋入肉臊，撒上葱花即可。

四川担担面

材料

猪肉馅	120克
红葱末	10克
蒜末	5克
葱末	15克
花椒粉	少许
干辣椒末	适量
葱花	少许
熟白芝麻	少许
阳春面（细）	110克
色拉油	适量
水	100毫升

调料

红油	1大匙
芝麻酱	1小匙
蚝油	1/2大匙
酱油	1/3大匙
盐	少许
白糖	1/4小匙

做法

1. 热锅，加入色拉油，爆香红葱末、蒜末，再加入猪肉馅炒散后，续放入葱末、花椒粉、干辣椒末炒香。
2. 接着放入全部调料翻炒入味后，加入100毫升水炒至微干，即为四川担担酱。
3. 煮一锅水，滴入少量色拉油煮沸，再放入阳春面拌散，煮约1分钟后捞起沥干，盛入碗中。
4. 最后于碗中加入适量四川担担酱，撒入葱花与熟白芝麻即可。

红油拌面

材料

猪梅花肉馅	300克
姜蓉	4克
蒜蓉	3克
阳春面（细）	110克
馄饨皮	适量
葱花	适量
花生粉	适量
热高汤	50毫升

调料

盐	4克
胡椒粉	4克
香油	7毫升
陈醋	4毫升
芝麻酱	10克
甜酱油	10毫升
辣油	适量

（做法见21页）

做法

❶ 将猪梅花肉馅、盐、胡椒粉、4毫升香油、姜蓉混合，充分拌匀至黏稠后即成馅料，再将馅料放入冰箱冷藏2~3个小时。

❷ 取馄饨皮，包入冷藏后的馅料，重复此操作至馅料用完，备用。

❸ 将阳春面放入沸水中煮软，捞出沥干后放入碗内，然后放入陈醋、甜酱油、3毫升香油、芝麻酱、蒜蓉、热高汤拌匀。

❹ 将包好的馄饨放入沸水中煮熟后，捞出沥干，排入盛有面条的碗内，最后撒入葱花、花生粉、辣油拌匀，即可享用。

臊子面

材料

阳春面（细）	150克
猪肉馅	100克
虾米	1/2茶匙
荸荠	2个
洋葱丁	15克
黑木耳	20克
香菇	1朵
葱花	5克
鸡蛋	1个
高汤	300毫升
水淀粉	1大匙
色拉油	适量
水	适量

调料

酱油	1茶匙
蚝油	2茶匙
香油	1/2茶匙

做法

❶ 荸荠、黑木耳、香菇、虾米分别洗净、沥干、切小丁，备用。

❷ 热锅，加入1/2大匙油，再加入猪肉馅炒至肉色焦黄后，加入洋葱丁、荸荠丁、黑木耳丁、香菇丁、虾米丁一起炒约2分钟，接着加入高汤和所有调料以小火煮约10分钟，最后以水淀粉勾芡，即成拌料，备用。

❸ 另热锅，加入适量油，将鸡蛋打散后加入锅中，炒至蛋液凝固后盛出，备用。

❹ 原锅加入适量水煮沸，再放入阳春面煮约2.5分钟后，捞出沥干，放入碗中。

❺ 接着将拌料及炒蛋放入盛有面条的碗中，最后撒上葱花即可。

榨菜肉丝拌面

材料

猪瘦肉	100克
榨菜	100克
蒜末	5克
红辣椒末	10克
葱末	10克
花生粉	少许
阳春面（粗）	110克
色拉油	2大匙
水	100毫升

调料

白酱油	1/2小匙
盐	少许
白糖	少许
胡椒粉	少许
鸡精	少许

做法

1. 猪瘦肉洗净切丝；榨菜洗净切丝，备用。
2. 热锅，加入2大匙色拉油，爆香蒜末、红辣椒末，再放入猪瘦肉丝炒至肉色变白，续放入葱末、榨菜丝略翻炒，接着放入全部调料及100毫升水炒至微干入味，即为榨菜肉丝拌料，备用。
3. 煮一锅水，待水沸腾后，放入阳春面拌散，煮约2分钟后捞起沥干，盛入碗中。
4. 再于盛有面条的碗中加入适量榨菜肉丝拌料，最后撒上少许花生粉调味即可。

麻油面线

材料

手工白面线300克，姜片50克，红葱酥适量

调料

香油、米酒各50毫升，水300毫升，
鸡精1小匙，白糖1/2小匙

做法

1. 将手工白面线放入沸水中汆烫约2分钟至熟后，捞起盛入碗中，备用。
2. 起炒锅，倒入香油与姜片，以小火慢慢爆香姜片至卷曲后，加入米酒、水，以大火煮至沸腾，接着加入鸡精、白糖调味，即成拌料，备用。
3. 最后将拌料与红葱酥淋在煮熟的面线上拌匀即可。

美味应用

手工白面线易熟，煮的时间最好不要超过3分钟，以免面线糊掉，影响口感。

苦茶油面线

材料

白面线350克，圆白菜100克，胡萝卜丝15克，
姜末10克，苦茶油2大匙

调料

盐少许

做法

1. 圆白菜洗净切丝，备用。
2. 烧一锅沸水，将白面线、胡萝卜丝及圆白菜丝分别放入沸水中汆烫约2分钟后，捞出备用。
3. 热锅，放入2大匙苦茶油，以小火爆香姜末后熄火，再放入汆烫后的胡萝卜丝、圆白菜丝及白面线炒匀，最后放入少许盐调味，即可盛盘。

美味应用

也可以用烫熟的白面线、爆香后的姜末、苦茶油、盐直接拌匀食用，既简单又不失美味。

传统凉面

材料

油面	150克
鸡蛋	2个
传统凉面酱	适量
熟鸡胸肉丝	30克
小黄瓜	1/4条
胡萝卜	15克
色拉油	适量

做法

❶ 将油面放入沸水中略汆烫后捞起，略冲冷水后沥干；小黄瓜、胡萝卜分别洗净、沥干、切丝，备用。

❷ 取一盘，放上冲凉后的油面，再倒入少许色拉油拌匀，且不断将面条拉起吹凉。

❸ 取锅，加适量色拉油烧热，再将鸡蛋打散入锅，煎至蛋液凝固即可。

❹ 将煎好的鸡蛋剪成数份，再卷成长条状，然后切成丝状，备用。

❺ 将做好的凉面盛入盘中，淋上适量传统凉面酱，摆上小黄瓜丝、胡萝卜丝及鸡蛋丝、熟鸡胸肉丝即可。

传统凉面酱

材料

芝麻酱1.5大匙，花生酱、蒜泥各1茶匙，凉开水4大匙，酱油1大匙，陈醋1茶匙，白醋2茶匙，白糖2茶匙，盐1/4茶匙

做法

1. 取一容器，放入芝麻酱和花生酱，再倒入凉开水调开。
2. 再于容器内加入白醋、陈醋、酱油、蒜泥、白糖、盐，混合拌匀即可。

川味凉面

材料

细拉面	300克
豆芽	20克
小黄瓜	1/2条
川味麻辣酱	3大匙
香菜	少许
色拉油	少许
凉开水	适量

做法

❶ 取汤锅，放入适量水煮至沸腾后，放入细拉面汆烫至熟，再捞起沥干，备用。

❷ 将煮熟的细拉面放在盘上，并倒入少许油拌匀，且不断将面条拉起吹凉。

❸ 将豆芽以沸水汆烫至熟后，捞起冲凉开水至凉；小黄瓜洗净后切丝，浸泡凉开水，备用。

❹ 取一盘，将吹凉后的拉面置于盘中，再于面条表面摆放豆芽、小黄瓜丝，最后淋上川味麻辣酱，撒上香菜即可。

川味麻辣酱

材料

色拉油2大匙，水1大匙，辣椒粉10克，花椒油1/2茶匙，白糖1茶匙，香醋、酱油各1茶匙，蒜泥1/2茶匙，香油1/4茶匙

做法

1. 热锅，倒入2大匙色拉油烧热后熄火，备用。
2. 取一碗，先将水与辣椒粉调匀，再冲入上一步烧好的热油中快速调匀，即为麻辣油。
3. 最后将花椒油、香醋、酱油、白糖、蒜泥、香油一起放入麻辣油中混合拌匀，即成川味麻辣酱。

拌凉面

材料
油面200克，火腿片3片，小黄瓜1/4条，
胡萝卜、生菜各15克，芝麻酱2大匙，色拉油少许

做法
1. 将油面放入沸水中略汆烫后捞起，再冲凉开水至凉后沥干。
2. 取一盘，放入冲凉后的油面，并倒入少许色拉油拌匀，且不断将面条拉起吹凉。
3. 火腿片切丝；小黄瓜、胡萝卜、生菜均洗净、切丝、泡凉开水，备用。
4. 取一盘，将吹凉后的油面置于盘中，再铺上火腿丝、小黄瓜丝、胡萝卜丝、生菜丝，最后淋上芝麻酱即可。

蚝油蒜酥酱凉面

材料
油面180克，豆芽20克，生菜丝15克，
色拉油适量，熟猪肉丝10克，蒜末1大匙

调料
蚝油1.5大匙，白糖1/2茶匙，凉开水2大匙

做法
1. 将油面放入沸水中略汆烫后捞起，再冲凉开水至凉后沥干；豆芽、生菜丝分别入沸水中汆烫至熟后，捞出过凉开水，备用。
2. 取一盘，放入冲凉后的油面，并倒入少许色拉油拌匀，且不断将面条拉起吹凉。
3. 起锅，加入色拉油烧热，以小火将蒜末炸至金黄后，熄火待凉。
4. 再向锅中加入凉开水、白糖、蚝油拌匀成酱汁，备用。
5. 把凉面盛盘，依次放上生菜丝、熟猪肉丝、豆芽，最后淋上酱汁即可。

美味应用
炸过的蒜末香气更加浓郁，但要以小火炸，否则很容易炸焦。

味噌酱冷面

材料

乌冬面	适量
味噌酱汁	适量
葱	10克
七味粉	少许

做法

❶ 将乌冬面放入沸水中汆烫至熟后，捞起泡入冰水中至完全变凉，再沥干盛盘，备用。

❷ 葱洗净后切成葱花，放在乌冬面上，再撒上七味粉。

❸ 最后淋入味噌酱汁食用即可。

味噌酱汁

材料

酱油2大匙，味啉、米醋各1大匙，冷开水100毫升，味噌、熟白芝麻、原味花生酱、蛋黄酱各1大匙

做法

1. 将熟白芝麻磨成碎末状，备用。
2. 取一容器，放入熟白芝麻碎和其余材料拌匀，即成味噌酱汁。

山药细面

材料

荞麦面	100克
山药	100克
海带	3克
芦笋	50克
玉米粒（罐头）	20克
姜泥	适量

调料

酱油	4大匙
冷开水	120毫升
味啉	1大匙

做法

❶ 将荞麦面放入沸水中煮熟后，捞起以凉开水冲去淀粉质，并冲至完全变凉后，再沥干盛盘，备用。

❷ 山约去皮后切薄片，再切成细丝；海带放入沸水中稍汆烫后，立即捞起切丝；芦笋放入沸水中烫熟后，捞起冲凉开水至完全变凉，再切成段状，备用。

❸ 取一容器，放入所有调料拌匀，即为酱汁。

❹ 将山药丝、海带丝、芦笋段、玉米粒、姜泥放在凉面上，再倒入酱汁即可。

美味应用

荞麦面煮熟后一定要冲水，以去除表面淀粉质，维持面的弹性。

沙拉冷面

材料

油面	100克
沙拉酱汁	适量
小黄瓜	1/2条
西红柿片	200克
洋葱丝	120克
生菜	适量
鸡蛋	1个
白胡椒粉	少许
色拉油	少许

做法

❶ 将油面放入沸水中煮熟后，捞起以凉开水冲去淀粉质，并冲至完全变凉后沥干，备用。

❷ 小黄瓜洗净后去籽，再切成5厘米长的丝状；洋葱丝洗净后沥干；生菜洗净，备用。

❸ 取一容器，将鸡蛋打入并搅打均匀，备用。

❹ 平底锅烧热，抹上一层薄薄的色拉油后，倒入蛋液，摇动锅身使蛋液均匀受热成薄片状，待蛋液凝固后取出待凉，再切成丝状，备用。

❺ 取一盘，先放上冷油面，再放上小黄瓜丝、洋葱丝、生菜、鸡蛋丝和西红柿片，食用前淋上沙拉酱汁，撒上白胡椒粉即可。

沙拉酱汁

材料

白酱油、陈醋各2大匙，白糖、黄芥末酱各1大匙，香油1大匙，鸡精少许

做法

将所有材料混合拌匀，即成沙拉酱汁。

辛辣凉拌面

材料

冷面	110克
拌辣酱	适量
苹果	1/2个
水煮蛋	1/2个
泡菜	100克
小黄瓜	1/2条

做法

1. 将冷面放入沸水中煮约4分钟至熟，捞起以凉开水冲去淀粉质，并冲至完全变凉后，沥干盛盘，备用。
2. 苹果洗净、沥干后切圆片；小黄瓜洗净、沥干后切条；水煮蛋剥壳，备用。
3. 将拌辣酱倒入冷面上混合拌匀后，放入碗中，再放上苹果片、泡菜、小黄瓜段、水煮蛋即可。

拌辣酱

材料

味噌酱2大匙，白糖1大匙，香油、柠檬汁各1大匙，熟白芝麻、蒜泥各适量

做法

取一容器，将所有材料混合拌匀，即成拌辣酱。

牛肉炒面

材料

牛肉片	100克
油面	300克
鲜香菇	2朵
蒜末	1/2茶匙
胡萝卜片	20克
小油菜	50克
水	350毫升
色拉油	2大匙

腌料

酱油	1大匙
白糖	1/2茶匙
淀粉	1大匙
米酒	1/2茶匙
胡椒粉	1/4茶匙

调料

盐	1/2茶匙
白糖	1/2茶匙
酱油	1大匙

做法

1. 牛肉片加入所有腌料抓匀，腌渍30分钟，备用；鲜香菇切片；小油菜洗净切段，备用。
2. 热锅，加入2大匙色拉油，放入腌牛肉片与蒜末炒至肉色变白后，再加入油面、鲜香菇片、胡萝卜片以中火炒3分钟。
3. 接着加入水与所有调料，盖上锅盖，开中火保持沸腾状态约2分钟后，加入小油菜段，以大火煮至汤汁快收干即可。

美味应用

先将牛肉片均匀蘸上蛋液，再蘸上淀粉，接着下锅以大火快炒，就可以轻松做出滑嫩美味的炒牛肉了。

黑椒牛肉炒面

材料

牛肉片 100克
熟阳春面 300克
洋葱 50克
青甜椒 30克
红甜椒 30克
蒜末 1/2茶匙
奶油 1大匙
水 200毫升
色拉油 1大匙

腌料

酱油 1大匙
白糖 1/2茶匙
淀粉 1大匙
米酒 1/2茶匙
胡椒粉 1/4茶匙

调料

蚝油 1大匙
盐 1/4茶匙
酱油 1/2茶匙
白糖 1/2茶匙
黑胡椒粉 1.5茶匙

做法

1. 牛肉片加入所有腌料抓匀，腌制30分钟，备用。洋葱、红甜椒、青甜椒均洗净、切片，备用。
2. 热锅，加入1大匙色拉油，放入腌牛肉片炒至肉色变白后盛出沥油，备用。
3. 原锅放入蒜末、奶油与洋葱片略炒，再加入水、熟阳春面及所有调料（黑胡椒粉除外）以中火煮3分钟，接着放入青甜椒片、红甜椒片、牛肉片及黑胡椒粉以大火炒匀，即可盛盘。

鲜牛肉炆伊面

材料

牛肉片　100克
伊面　适量
小白菜　80克
鲜香菇　3朵
洋葱丝　20克
水　250毫升
色拉油　1大匙

腌料

小苏打　1/2茶匙
酱油　1大匙
盐　1/4茶匙
白糖　1/2茶匙
水　2大匙
淀粉　1茶匙
米酒　1/2茶匙
胡椒粉　1/4茶匙

调料

盐　1/2茶匙
蚝油　1.5大匙
白糖　1/4茶匙

做法

1. 伊面加入沸水中烫软后，捞出摊凉、剪短；牛肉片加入所有腌料拌匀，腌制30分钟；小白菜洗净后，切3厘米长的段状；香菇洗净切丝，备用。
2. 取锅烧热后，加入1大匙色拉油，放入腌牛肉片炒至肉色变白后盛出，备用。
3. 原锅加入洋葱丝及香菇丝略炒，再加入水、剪短的伊面及所有调料以小火煮3分钟，最后加入小白菜段、炒过的牛肉片翻炒2分钟即可。

干炒牛肉意面

材料

牛肉丝、意面各100克，洋葱丝50克，色拉油适量，韭黄段、绿豆芽各30克

调料

蚝油、酱油各1小匙，白糖1/2小匙，老抽1/4小匙，盐少许

做法

1. 将意面放入沸水中，再加入少许盐煮约12分钟至熟，捞出沥干，并拌入少许色拉油，最后摊开放凉（或吹凉），备用。
2. 锅中倒入色拉油烧热，放入牛肉丝、洋葱丝，以大火炒至香味散出后，加入放凉后的意面续炒约2分钟。
3. 再加入绿豆芽与所有调料炒约1分钟，最后加入韭黄段炒匀即可。

大面炒

材料

油面600克，豆芽80克，韭菜段60克，胡萝卜丝20克，水100毫升，肉臊适量，色拉油1大匙

调料

酱油1大匙，鸡精少许

做法

1. 热炒锅，加入色拉油、水及所有调料煮沸，略收干，再放入油面翻炒均匀后，盛盘备用。
2. 将胡萝卜丝、豆芽、韭菜段放入沸水中汆烫至熟后，捞出沥干，再放于炒匀的油面上。
3. 最后加入肉臊拌匀即可。

腐竹牛腩炒面

材料

牛肋条	200克
炒面	150克
芥蓝	40克
胡萝卜	30克
炸腐竹	30克
姜	20克
葱	10克
水	600毫升
桂皮	10克
八角	3粒
水淀粉	1大匙
色拉油	100毫升

调料

豆瓣酱	1茶匙
米酒	1大匙
蚝油	1大匙
白糖	1/2茶匙
酱油	1茶匙

做法

1. 炒面入沸水中烫软后捞出放凉；牛肋条洗净先切成3厘米长的段状，再用沸水稍汆烫后捞出洗净；芥蓝洗净后切4厘米长的段状；炸腐竹以热水烫软后冲凉；胡萝卜洗净切片；姜洗净切菱形片；葱洗净切段，备用。
2. 取锅烧热后，加入100毫升色拉油，放入放凉后的炒面，以小火慢煎至酥脆后盛出沥油，置于盘中，备用。
3. 原锅放入姜片、葱段、汆烫后的牛肋条段及豆瓣酱炒3分钟，再加入米酒、水以小火煮30分钟，续加入剩余调料与桂皮、八角煮15分钟，接着加入胡萝卜片、炸腐竹煮5分钟，最后加入芥蓝煮1分钟后以水淀粉勾芡，淋在盘中的炒面上即可。

经典炒面

材料

油面	200克
干香菇	3克
虾米	15克
猪肉丝	100克
圆白菜	100克
胡萝卜	10克
红葱末	10克
高汤	100毫升
色拉油	2大匙
芹菜末	少许

调料

盐	1/2小匙
鸡精	1/4小匙
白糖	少许
陈醋	1小匙

做法

1. 干香菇泡软后洗净、切丝；虾米洗净；胡萝卜洗净、切丝；圆白菜洗净、切丝，备用。
2. 热锅，倒入色拉油，放入红葱末以小火爆香至微焦后，加入香菇丝、虾米及猪肉丝一起炒至肉色变白。
3. 再放入胡萝卜丝、圆白菜丝炒至微软后，加入所有调料和高汤煮至沸腾。
4. 最后加入油面和芹菜末翻炒至汤汁收干即可。

家常炒面

材料
鸡蛋面150克，洋葱丝20克，冷水300毫升，
胡萝卜丝、红葱酥（做法见76页）各10克，
猪肉末、小白菜各50克，色拉油适量

调料
酱油1/2小匙，白胡椒粉1/2小匙，盐少许

做法
1. 小白菜洗净、切段；鸡蛋面放入加有少许盐的沸水中搅拌至沸腾。再加入100毫升冷水煮至沸腾，然后重复前述动作再加两次100毫升的冷水，最后将煮好的鸡蛋面捞起沥干，并加入少许色拉油拌匀，防止面条沾黏。
2. 取锅，加入少许色拉油烧热，放入洋葱丝、胡萝卜丝、红葱酥和猪肉末炒香，再加入少许水、酱油、白胡椒粉及煮熟的鸡蛋面快速翻炒，盖上锅盖焖煮至汤汁略收干，起锅前加入小白菜段略翻炒即可。

美味应用
除了小白菜可以当配菜外，也可以利用其他蔬菜代替，像是圆白菜、空心菜皆可。

木须炒面

材料
宽面200克，猪肉丝100克，胡萝卜丝15克，
黑木耳丝40克，姜丝5克，葱末10克，
高汤60毫升，色拉油2大匙

调料
酱油1大匙，白糖1/4小匙，盐少许，
陈醋1/2大匙，米酒1小匙，香油少许

做法
1. 将宽面放入沸水中煮约4分钟后捞起，冲凉开水至凉后沥干，备用。
2. 热锅，加入2大匙色拉油，放入葱末、姜丝爆香，再放入猪肉丝炒至肉色变白。
3. 接着加入黑木耳丝和胡萝卜丝炒匀，然后加入除香油外的所有调料、以及高汤和冲凉后的宽面快炒至入味，起锅前再加入香油和葱末拌匀即可。

美味应用
宽面不易入味，在炒的时候可以稍微盖上锅盖焖一下，让面条充分吸收酱汁，这样吃起来更美味。

沙茶羊肉炒面

材料

鸡蛋面 170克，羊肉片150克，空心菜100克，蒜末、葱末、红辣椒丝各5克，色拉油2大匙

调料

沙茶酱2大匙，酱油、蚝油各1/2大匙，盐、白糖各少许，鸡精1/4小匙，米酒1大匙

做法

1. 将鸡蛋面放入沸水中煮约1分钟后捞起，冲凉开水至凉后沥干；空心菜洗净、切段。
2. 热锅，加入2大匙色拉油，放入葱末、蒜末和红辣椒丝爆香，再放入羊肉片炒至肉色变白，接着加入沙茶酱炒匀，即可盛盘。
3. 重新热锅入少许油，放入空心菜段以大火炒至微软后，加入冲凉的鸡蛋面、倒入盘中已炒熟的材料，再加入剩余调料，一起翻炒至入味即可。

猪肝炒面

材料

熟面条200克，猪肝150克，韭菜花80克，大蒜片5克，红辣椒片10克，高汤100毫升，色拉油2大匙

调料

酱油1大匙，盐少许，白糖1/4小匙，米酒1小匙，陈醋1/3大匙，香油少许

做法

1. 猪肝洗净、切片；韭菜花洗净、切段。
2. 热锅，倒入色拉油，放入蒜片爆香后，加入红辣椒片和猪肝片快炒约2分钟。
3. 再加入韭菜花段、酱油、盐、白糖、米酒、高汤和熟面条，一起翻炒均匀至汤汁收干后，加入陈醋、香油炒匀即可。

鳝鱼意面

材料

炸意面	适量
鳝鱼	100克
葱	10克
洋葱	40克
红辣椒	1/2个
蒜末	10克
圆白菜	100克
猪油	2大匙
热水	150毫升
水淀粉	适量

调料

盐	1/4小匙
白糖	1/2大匙
沙茶酱	1/3大匙
米酒	少许
陈醋	2大匙

做法

1. 葱洗净、切段；洋葱洗净切丝；红辣椒洗净切片；圆白菜洗净切小片；鳝鱼处理干净切片，备用。
2. 热锅，加入猪油，放入蒜末、葱段、洋葱丝、红辣椒片炒香，再放入圆白菜片与鳝鱼片快速翻炒均匀，续加入所有调料与150毫升的热水煮沸，最后以水淀粉勾芡拌匀，即为炒鳝鱼烩料。
3. 将炸意面放入沸水中汆烫约1分钟后捞出、沥干，盛盘备用。
4. 再淋入适量炒鳝鱼烩料拌匀即可。

福建炒面

材料

油面	250克
虾仁	50克
猪肉丝	30克
葱段	20克
黑木耳丝	20克
胡萝卜丝	20克
圆白菜丝	30克
炸鲳鱼末	1茶匙
猪油	1.5大匙
蒜末	1/2茶匙
热高汤	100毫升

调料

盐	1/4茶匙
酱油	2大匙
白糖	1茶匙
胡椒粉	1/2茶匙

做法

❶ 虾仁、猪肉丝均洗净后沥干，备用。

❷ 热锅，放入猪油，加入蒜末、葱段、虾仁、猪肉丝，以大火炒约1分钟。

❸ 再加入圆白菜丝、黑木耳丝、胡萝卜丝和所有调料，以大火炒约2分钟后，加入炸鲳鱼末、油面及热高汤炒匀即可。

广州炒面

材料

鸡蛋面	150克
墨鱼片	适量
虾仁	适量
叉烧肉片	适量
猪肉片	适量
胡萝卜片	适量
西蓝花	适量
水	250毫升
色拉油	50毫升

调料

蚝油	1大匙
盐	1/4茶匙
水淀粉	1茶匙

做法

1. 将鸡蛋面放入沸水中煮软后，沥干，捞起摆盘，再加入5毫升色拉油拌开，备用。
2. 将墨鱼片、虾仁、猪肉片、叉烧肉片、西蓝花及胡萝卜片分别放入沸水中汆烫后捞起，再冲凉开水至凉，备用。
3. 热锅，倒入45毫升色拉油，放入煮软的鸡蛋面以中火煎至酥黄后沥油、盛盘。
4. 重新热锅加油，放入汆烫后的墨鱼片、虾仁、猪肉片、叉烧肉片、西蓝花、胡萝卜片略炒香，再加入水及所有调料（水淀粉除外）一起拌匀煮沸。
5. 接着慢慢倒入水淀粉勾芡拌匀，最后淋至煎好的鸡蛋面上即可。

铁板炒面

材料

细油面	250克
青豆	25克
玉米粒	25克
胡萝卜丁	30克
鸡蛋	1个
蒜末	5克
葱末	5克
色拉油	2大匙

调料

蘑菇酱	150克

做法

1. 将青豆、玉米粒、胡萝卜丁提前用热水煮熟。
2. 热锅，加入1大匙色拉油，放入蒜末、葱末爆香后，加入煮好的青豆、玉米粒、胡萝卜丁和细油面炒匀，再倒入蘑菇酱翻炒均匀至入味后盛盘，即蘑菇铁板面。
3. 另热锅，倒入1大匙色拉油，打入鸡蛋，以小火煎成荷包蛋，再淋入少许蘑菇酱烧至入味，最后盛入蘑菇铁板面上即可。

干烧伊面

材料

伊面　适量
干香菇　30克
韭黄　30克
比目鱼粉　1/2茶匙
水　250毫升
色拉油　适量

调料

蚝油　1大匙
老抽　1/2茶匙
盐　1/4茶匙
白糖　1/4茶匙
胡椒粉　少许

做法

1. 煮一锅沸水，将伊面放入沸水中煮软后，捞起放凉，再切成小段，备用。
2. 韭黄洗净、切段；干香菇泡软后捞起洗净、切丝。
3. 热锅，倒入色拉油，放入水、所有调料、比目鱼粉、香菇丝及伊面段炒匀，再改中火煮至汤汁收干。
4. 起锅前加入韭黄段稍炒即可。

XO酱炒面

材料

鸡蛋面	150克
洋葱	60克
韭黄	20克
墨鱼	50克
虾仁	30克
XO酱	1大匙
色拉油	50毫升
水	100毫升
凉开水	适量

调料

蚝油	1/2茶匙
盐	1/4茶匙

做法

1. 将鸡蛋面放入沸水中煮软后，捞起摆盘，并加入5毫升色拉油拌开，备用。
2. 洋葱洗净、切丝；韭黄洗净、切段；墨鱼洗净、切小片；虾仁洗净、汆烫后过凉开水，备用。
3. 热锅，倒入45毫升色拉油，放入煮软的鸡蛋面以中火煎至酥黄后沥油、盛盘。
4. 再用凉开水淋于煎熟的鸡蛋面上，以冲去多余的油分，备用。
5. 重新热锅放入油，放入洋葱丝以小火快炒2分钟至软后，加入汆烫后的虾仁、墨鱼片略炒。
6. 再加入水、XO酱、所有调料及鸡蛋面，以中火快炒均匀至面条散开。
7. 最后放入韭黄段翻炒至汤汁收干，即可盛盘。

PART 3

别有风味的意大利面、日韩面

在享用完各式各样经典美味的中式面条之后，不妨尝试做做别有风味的意大利面与日韩面，做起来并没有想象中的那样难以下手，只需准备好面条、配料和相应的调料，再掌握好做面的关键几步，就能让多种可口的意大利面、日韩面随手拈来，在家就能享受意大利面、日韩面独特而富有层次的美味口感。

西红柿肉酱意大利面

材料

意大利圆直面	100克
西红柿肉酱	200克
奶酪粉	适量
芹菜末	适量
盐	少许
橄榄油	少许

做法

1. 将意大利圆直面放入沸水中，再加入少许盐和橄榄油，煮8～10分钟至面熟后捞起，沥水，摆入盘中，备用。
2. 再将西红柿肉酱淋入面条上，最后撒上奶酪粉和芹菜末即可。

西红柿肉酱

材料

猪肉馅200克，西红柿2个，洋葱120克，蒜末1茶匙，番茄糊1大匙，番茄酱2大匙，水200毫升，色拉油1大匙

调料

盐、鸡精各1/2茶匙，白糖2茶匙

做法

1. 洋葱切丁；西红柿用热水略烫去皮后切丁。
2. 热锅，加1大匙色拉油，放入猪肉馅炒至肉色变白后，加入洋葱丁、西红柿丁、蒜末炒至金黄，再加入番茄糊和番茄酱炒香，续加入水及所有调料煮至汤汁浓稠即可。

西红柿海鲜意大利面

材料

贝壳面 100克
蛤蜊 12个
虾仁 50克
蟹味棒 6根
洋葱 约120克
西红柿 约200克
大蒜 2瓣
胡萝卜 1/3根
百里香 适量
罗勒叶 适量
奶酪粉 适量
橄榄油 20毫升
盐 1小匙
色拉油 少许

调料

红酱 5大匙
（做法见139页）
奶油 1大匙
水 适量

做法

1. 蛤蜊吐完沙后洗净；虾仁挑去肠泥后洗净；洋葱、西红柿和胡萝卜均洗净切丁；大蒜洗净切片，备用。
2. 煮一锅沸水，加入15毫升橄榄油和盐，放入贝壳面煮约8分钟至面熟后，捞起泡入凉开水中待凉，再捞出摆盘，加入5毫升橄榄油搅拌均匀，继续放凉，备用。
3. 取一平底锅，倒入少许色拉油，放入洋葱丁、西红柿丁和胡萝卜丁炒香，再加入蒜片、红酱翻炒均匀。
4. 续放入百里香、奶油和水煮沸，接着放入洗净的蛤蜊、虾仁、蟹味棒和罗勒叶略煮。
5. 再将放凉后的贝壳面放入拌匀，继续煮至面均匀入味后盛盘，食用前撒上奶酪粉调味即可。

西红柿意大利面

材料

意大利圆直面	100克
胡萝卜丁	适量
奶酪粉	适量
红酱（做法见139页）	5大匙
橄榄油	20毫升
盐	1小匙

做法

1. 将意大利圆直面放入沸水中，再加入15毫升橄榄油和盐，煮约8分钟至面熟后，捞起泡入凉开水中待凉，再捞出摆盘，加入5毫升橄榄油拌匀后，继续放凉。
2. 取平底锅，倒入红酱烧热后，放入胡萝卜丁煮至软。
3. 接着放入放凉后的意大利面条拌匀后略煮，再捞出盛盘。
4. 最后撒上奶酪粉调味即可。

红酱

材料

新鲜西红柿约200克，洋葱80克，大蒜2瓣，芹菜约50克，橄榄油1大匙，番茄糊1小匙，番茄酱1大匙，去皮西红柿（罐头）100克，面糊50克，罗勒适量，水少许

调料

盐、黑胡椒粉、白糖各少许，月桂叶1片，意大利综合香料1小匙

做法

1. 新鲜西红柿、去皮西红柿、洋葱洗净均切细丁；芹菜去叶后洗净、切细丁；大蒜切片，备用。取平底锅，倒入橄榄油，放入洋葱丁、芹菜丁和蒜片炒香。
2. 再加入新鲜西红柿丁稍翻炒，续放入去皮西红柿丁、番茄糊、番茄酱炒匀。
3. 然后加水煮至酱汁稍稠。
4. 接着加入黑胡椒粉、盐、月桂叶、面糊煮匀，最后加入意大利综合香料、白糖、罗勒叶，以小火煮至酱汁浓稠即可。

1

2

3

4

焗烤西红柿肉酱千层面

材料

意大利千层面	5张
橄榄油	适量
盐	1小匙

调料

西红柿肉酱（做法见136页）	5大匙
奶酪丝	50克
奶酪粉	1大匙
芹菜末	1小匙

做法

1. 将千层面放入沸水中，加入15毫升橄榄油和盐煮约8分钟至意大利千层面软化且熟后，一张张捞起，并泡入凉开水中待凉，再取出摆盘，加入5毫升橄榄油搅拌均匀后，继续放凉，备用。
2. 取一长形烤皿，于盘底抹上薄薄一层橄榄油，备用。
3. 在抹有橄榄油的烤皿中摆入一张千层面，再抹上一层西红柿肉酱，然后撒上适量奶酪丝。
4. 续盖上一层千层面，抹上西红柿肉酱，再撒上适量奶酪丝，重复此步骤至千层面、西红柿肉酱和奶酪丝用完，即可放入预热好的烤箱中，以200℃烤约10分钟至表面奶酪丝融化且上色后取出，再于表面撒上芹菜末和奶酪粉即可。

焗烤海鲜通心面

材料

通心面	100克
蟹味棒	5根
鲷鱼片	1块
洋葱	80克
胡萝卜	适量
奶酪丝	50克
橄榄油	35毫升
盐	1小匙

调料

白酱（做法见143页）	5大匙
盐	少许
黑胡椒粉	少许
水	适量

做法

1. 煮一锅沸水，加入15毫升橄榄油和1小匙盐，再放入通心面煮约8分钟至面熟后，捞起泡入凉开水中待凉，再捞出摆盘，加入5毫升橄榄油搅拌均匀后，继续放凉，备用。
2. 洋葱洗净切丝；胡萝卜洗净切丁；鲷鱼片洗净切小块，备用。
3. 取炒锅，加入15毫升橄榄油烧热后，放入洋葱丝炒香，再加入胡萝卜丁炒软，接着放入白酱煮匀，然后加入鲷鱼块、蟹味棒和剩余调料一同煮匀，最后加入放凉后的通心面拌匀。
4. 再全部放入烤皿中，于表面均匀地撒上奶酪丝，然后将烤皿放入预热好的烤箱中，以200℃烤约10分钟，至表面奶酪丝融化，呈金黄色即可。

培根奶油意大利面

材料

通心面	100克
培根	3片（约75克）
洋葱丝	120克
大蒜	2瓣
芹菜丁	适量
胡萝卜丁	适量
橄榄油	35毫升
盐	1小匙

调料

白酱（做法见143页）	5大匙
意大利综合香料	适量
盐	少许
黑胡椒粉	少许

做法

1. 煮一锅沸水，放入通心面，再加入15毫升橄榄油和1小匙盐煮约8分钟至通心面熟后，捞起泡入凉开水中待凉，再捞出摆盘，加入5毫升橄榄油搅拌均匀后，继续放凉；大蒜洗净切片，备用。
2. 取炒锅，加入15毫升橄榄油烧热后，放入培根片炒香，再加入胡萝卜丁、洋葱丝、蒜片、芹菜丁翻炒均匀，接着加入白酱炒匀，续加入剩余调料煮匀，最后加入放凉后的通心面煮至入味后，撒上芹菜丁即可。

白酱

材料

洋葱120克，芹菜适量，大蒜3瓣，月桂叶2片，白酒100毫升，鲜牛奶1大匙，百里香少许，鸡高汤（做法见15页）300毫升，盐少许，橄榄油15毫升

面糊

奶油1大匙，面粉3大匙，水适量

做法

1. 洋葱洗净切末；芹菜去叶后洗净、切细丁；大蒜洗净切片，备用。取锅，放入奶油烧热，加入面粉略炒，接着放入水拌匀成浓稠状，即为面糊。
2. 另取炒锅，倒入橄榄油烧热，放入洋葱末、芹菜丁和蒜片炒香，再放入月桂叶、百里香、白酒、鸡高汤煮至食材变软。
3. 接着加入盐、面糊煮匀。
4. 最后加入鲜牛奶，边煮边搅打至酱汁浓稠即可。

青酱鳀鱼意大利面

材料

宽面	100克
小鳀鱼（罐头）	5条
蛤蜊	12个
洋葱丝	80克
芹菜丁	适量
大蒜	2瓣
松子仁	10克
橄榄油	35毫升
盐	1小匙

调料

青酱	5大匙

做法

1. 煮一锅沸水，加入15毫升橄榄油和盐，再放入宽面煮约8分钟至面熟后，捞起泡入凉开水中待凉，再捞出摆盘，加入5毫升橄榄油拌匀，继续放凉；大蒜洗净切末，备用。
2. 取炒锅，加入15毫升橄榄油烧热后，放入松子仁、洋葱丝、芹菜丁和蒜末炒香，再放入蛤蜊、小鳀鱼煮匀，续加入放凉后的意大利面略煮，最后加入青酱煮至入味即可。

青酱

材料

罗勒叶50克，松子仁、奶酪粉各1大匙，冰块适量，橄榄油200毫升，大蒜3瓣，水适量

调料

盐、鸡精各1/2茶匙，白糖2茶匙，黑胡椒粉少许

做法

1. 先将松子仁放入搅拌机中搅打成碎末状，再放入大蒜一起搅打均匀，接着放入罗勒叶和水一起搅打均匀。
2. 然后放入冰块和橄榄油继续搅打均匀。
3. 将搅打均匀的酱汁倒入一容器中，加入盐、鸡精、白糖、黑胡椒粉、奶酪粉拌匀，即成青酱。

青酱鲜虾培根意大利面

材料

意大利面　100克
培根　2片（约50克）
鲜虾　10只
洋葱　120克
大蒜　2瓣
罗勒叶　适量
橄榄油　35毫升
盐　1小匙

调料

青酱　5大匙
（做法见144页）

做法

1. 煮一锅沸水，加入15毫升橄榄油和盐，再放入意大利面煮约8分钟至面熟后，捞起泡入凉开水中，再捞出摆盘，加入5毫升橄榄油搅拌均匀后，继续放凉。
2. 培根和洋葱均切丁；大蒜洗净切片；鲜虾挑去肠泥后烫熟、剥去虾壳，备用。
3. 取炒锅，加入15毫升橄榄油烧热，放入培根丁炒至变色后，放入洋葱丁、蒜片炒匀。
4. 接着加入青酱、罗勒叶拌匀，最后加入剥壳后的虾仁和放凉后的意大利面拌匀即可。

白酒蛤蜊意大利面

材料

意大利面	100克
蛤蜊	12个
洋葱	80克
大蒜	2瓣
红辣椒	1/3个
橄榄油	35毫升
盐	1小匙
芹菜末	适量
鸡高汤 （做法见15页）	350毫升

调料

白酒	100毫升
盐	少许
黑胡椒粉	少许
意大利香料	1小匙
月桂叶	1片
奶油	1大匙

做法

1. 煮一锅沸水，加入15毫升橄榄油和1小匙盐，再放入意大利面煮4～5分钟至面熟后，捞起泡入凉开水中待凉，再捞出摆盘，加入5毫升橄榄油搅拌均匀后，继续放凉，备用。
2. 蛤蜊吐完沙后洗净；洋葱洗净切丝；大蒜、红辣椒均洗净切片，备用。
3. 取炒锅，倒入15毫升橄榄油烧热后，放入洋葱丝、蒜片和红辣椒片炒香，再加入鸡高汤煮至沸腾，然后放入洗净的蛤蜊略煮，接着倒入白酒煮沸，最后加入放凉后的意大利面和剩余调料翻炒至面条均匀入味后，撒上芹菜末即可。

蒜香培根意大利面

材料

螺旋面 100克
培根 3片（约75克）
大蒜 5瓣
洋葱 120克
四季豆 5个
橄榄油 35毫升
盐 1小匙
鸡高汤 350毫升
（做法见15页）

调料

盐 少许
黑胡椒粉 少许
意大利综合香料 1小匙
奶油 1大匙
鲜牛奶 50毫升

做法

1. 煮一锅沸水，加入15毫升橄榄油和1小匙盐，再放入螺旋面煮约8分钟至面熟后，捞起泡入凉开水中待凉，再捞出摆盘，加入5毫升橄榄油搅拌均匀后，继续放凉，备用。
2. 培根和大蒜均切小片；洋葱洗净切丁；四季豆洗净后切斜片，备用。
3. 取炒锅，倒入15毫升橄榄油烧热，放入培根片炒香，再加入洋葱丁、蒜片，炒至洋葱丁变软，接着加入鸡高汤煮至沸腾后，加入放凉后的螺旋面拌匀。
4. 最后依序加入所有调料和四季豆片，炒至均匀入味，即可盛盘。

粉红酱鲜虾蔬菜意大利面

材料

意大利圆直面	适量
鲜虾	10只
鲜香菇	2朵
洋葱	120克
大蒜	2瓣
红辣椒	1/3个
面糊	2大匙
橄榄油	35毫升
盐	1小匙

调料

粉红酱	5大匙
奶油	1大匙

做法

1. 煮一锅沸水，加入15毫升橄榄油和盐，再放入意大利圆直面煮约8分钟至面熟后，捞起泡入凉开水中待凉，再捞出摆盘，加入5毫升橄榄油拌匀后，继续放凉，备用。
2. 鲜虾洗净，剪去尖头和虾须；鲜香菇洗净切片；洋葱洗净切丝；大蒜、红辣椒均洗净切片，备用。
3. 取炒锅，倒入15毫升橄榄油烧热，放入鲜香菇片、洋葱丝、蒜片和红辣椒片炒香，再加入面糊和粉红酱炒匀，接着放入鲜虾炒匀，最后加入放凉后的意大利圆直面和奶油煮匀即可。

粉红酱

材料

番茄糊1大匙，番茄酱2大匙，牛奶3大匙，水200毫升，匈牙利辣椒粉、白糖各1小匙，奶油1大匙，
盐、黑胡椒粉各少许

做法

取平底锅，将所有材料放入加热均匀，即成粉红酱。

正油拉面

材料

拉面	110克
正油高汤	600毫升
鲜虾	2只
笋干	适量
玉米粒	适量
葱花	适量
鱼板	2块
海苔片	2片
奶酪片	2片

做法

1. 将拉面放入沸水中煮熟，捞起沥干后放入汤碗中；鲜虾洗净，入沸水氽烫至熟后，剥去虾头、虾壳；笋干提前浸泡入沸水氽烫至熟后捞出，备用。
2. 将正油高汤倒入盛有拉面的汤碗中，再放入烫熟的虾肉、笋干及玉米粒、葱花、鱼板。
3. 食用前加入海苔片、奶酪片即可。

正油高汤

材料

猪大骨1副，猪蹄1只，鸡骨架、鸡爪各500克，洋葱250克，葱400克，圆白菜、胡萝卜各300克，大蒜75克，水1500毫升，盐35克

做法

1. 将猪大骨、猪蹄、鸡骨架、鸡爪分别放入沸水中氽烫去血水后，捞出洗净，备用。
2. 洋葱、葱、圆白菜、胡萝卜、大蒜分别洗净、切大块，备用。
3. 将所有处理好的食材放入大锅中，再加入水和盐，以中火煮3～4个小时即可。

豚骨拉面

材料
拉面150克，鸡蛋1个，葱丝20克，
海苔片、叉烧肉片各适量，
猪骨高汤（做法见14页）500毫升

调料
盐1茶匙

做法
1. 鸡蛋对切成两半，备用。
2. 将猪骨高汤加入盐煮沸后，盛入碗中，备用。
3. 拉面放入沸水中煮约3分钟后，捞起沥干，放入盛有高汤的碗中，再放上鸡蛋、叉烧肉片、海苔片、葱丝即可。

酱油叉烧拉面

材料
拉面适量，猪梅花肉块200克，姜片5片，
水1000毫升，柴鱼素、海带各3克，
卤蛋1/2个，卤笋干30克，豆芽50克，葱花适量

调料
酱油50毫升，味啉30毫升，蚝油10毫升

做法
1. 将猪梅花肉放入沸水中汆去血水，另取锅，放入猪梅花肉块、水与姜片煮约30分钟后（中途不断捞去浮沫），取出猪梅花肉块。再在原汤汁中加入柴鱼素拌匀后熄火，即为高汤，备用。拉面、豆芽、海带分别入沸水中烫熟，备用。
2. 取50毫升高汤与所有调料拌匀，即成卤汁。再在卤汁中放入煮熟的猪梅花肉块，以小火烧至上色，卤汁变稠后，捞起猪梅花肉块切片，即为叉烧肉片。
3. 取一大碗，加入2大匙卤汁，淋入高汤，盛入烫熟的拉面，再依序摆上叉烧肉片、卤蛋、卤笋干、海带、烫熟的豆芽，且撒上葱花。

盐味拉面

材料

家常面150克，鱼板3块，火腿肠1根，鲜香菇2朵，荷兰豆3个，卤笋干80克，熟鸡蛋1/2个，鱼高汤500毫升

调料

盐1茶匙

做法

1. 火腿肠对切成两段；荷兰豆去蒂后洗净沥干，备用。
2. 将鱼高汤加入盐一起煮沸后，盛入碗中，备用。
3. 面条放入沸水中煮约3分钟后，放入火腿肠片、荷兰豆、鲜香菇、鱼板、卤笋干和熟鸡蛋稍煮，即可盛在装有高汤的碗中。

叉烧拉面

材料

拉面150克，猪梅花肉块600克，上海青3棵，鲜香菇1朵，鱼板3块，葱花5克，高汤500毫升，盐1茶匙

腌料

水80毫升，盐1/2茶匙，味噌、白糖各1大匙，米酒1大匙，味啉2大匙，柴鱼片、姜片各20克，葱段30克

做法

1. 将腌料中的姜片、葱段、柴鱼片放入果汁机中，加水搅碎后滤渣留汁，盛入碗中，再加入剩余腌料拌匀，接着与猪梅花肉块一同放入塑料袋中封装，放入冰箱冷藏腌渍10个小时；高汤加盐煮沸后，盛入碗中。
2. 烤箱预热至180℃，将腌好的猪梅花肉块放入烤箱中烤约50分钟，取出后以铝箔纸包好，放置约15分钟后取出切片，备用。
3. 拉面入沸水中煮约3分钟后，放入上海青、鱼板、香菇一起略煮至熟，捞起沥干，放入高汤碗中，再放上烤好的猪梅花肉片，撒上葱花即可。

麻辣拉面

材料

拉面	150克
叉烧肉片	1片
油豆腐	2块
玉米笋	约150克
金针菇	20克
上海青	30克
麻辣汤	500毫升

调料

盐	1茶匙

做法

1. 玉米笋、金针菇、上海青均洗净、沥干，其中玉米笋斜刀对切，备用。
2. 麻辣汤加入盐煮沸后，盛入碗中，备用。拉面入沸水中煮约3分钟后，放入洗净的玉米笋段、金针菇、上海青及油豆腐一起煮熟，再捞起沥干，放入盛有麻辣汤的碗中，最后放上叉烧肉片即可。

麻辣汤

材料

牛脂100克，牛骨2000克，鸡骨架3000克，水3升，洋葱片、葱段、姜片各30克，花椒3大匙，草果3粒，干辣椒6个，辣椒酱、辣豆瓣酱各50克

做法

牛脂洗净，放入锅中炸出油后，放入洋葱片、葱段、姜片、花椒、草果、干辣椒、辣椒酱、辣豆瓣酱以小火炒5分钟，再全部倒入汤锅中，并加入剩余材料一同以小火熬煮6个小时即可。

味噌蔬菜拉面

材料

拉面适量，洋葱丝、胡萝卜丝各20克，
圆白菜丝100克，葱花少许，色拉油适量，
豆芽、玉米粒（罐头）各30克，水400毫升

调料

味噌50克，米酒、味啉各1大匙，白糖1小匙，
柴鱼素4克

做法

1. 将所有调料混合均匀后放入锅中，再慢慢加入400毫升的水拌匀、煮沸，即为味噌汤底，备用。
2. 热锅，加入适量色拉油，放入洋葱丝、圆白菜丝、胡萝卜丝、豆芽翻炒均匀后，再取适量味噌汤底一起炒至熟，即蔬菜配料。
3. 拉面入沸水中煮约3分钟，捞起沥干，备用。取一大碗，先加入适量味噌汤底，再盛入拉面，接着铺上做好的蔬菜配料，最后加入玉米粒及葱花即可。

味噌拉面

材料

拉面150克，虾仁50克，小墨鱼30克，
蟹味棒1根，泡发鱿鱼80克，葱丝20克，
猪骨高汤（做法见14页）500毫升

调料

盐、白糖各1/4茶匙，米酒1茶匙，味噌100克

做法

1. 鱿鱼洗净切花；蟹味棒对切，备用。
2. 虾仁、小墨鱼洗净沥干，备用。
3. 将味噌放入猪骨高汤中化开，再加入盐、米酒、白糖一起煮沸，接着放入洗净的鱿鱼、蟹味棒、虾仁、小墨鱼，一起煮沸后盛入碗中。
4. 面条入沸水中煮约3分钟后，捞起沥干，放入碗中，再放上葱丝即可。

美味应用

可在汤中加入些许白糖中和味噌的咸味，让汤喝起来有着浓郁的香气，而不是咸过头。

味噌泡菜乌冬面

材料

乌冬面150克，牛蒡丝20克，猪五花肉块50克，胡萝卜片50克，香菇1朵，泡菜100克，豆腐1/4块，香油1大匙，水250毫升，葱丝少许

调料

味噌20克，酱油1小匙，米酒1大匙

做法

1. 将所有调料混合均匀，备用。乌冬面入沸水中汆烫至熟后捞起、沥干。猪五花肉块切段，备用。
2. 热砂锅，倒入香油，放入猪五花肉块，以中火炒至肉色变白后，放入牛蒡丝、泡菜炒匀，再加入水煮开，接着放入香菇、豆腐、乌冬面及所有调料煮沸。
3. 最后加入葱丝、胡萝卜片即可。

美味应用

牛蒡切好丝之后很容易遇到空气氧化变色，因此切好的牛蒡丝最好先泡入水中，待烹煮时再捞出沥干，这样烹饪出来的色泽较佳。

海鲜锅烧乌冬面

材料

乌冬面150克，高汤350毫升，香菇1朵，虾仁3只，蛤蜊6个，鱼板3块，小墨鱼6只，蟹味棒、鸡蛋各1个，荷兰豆适量，玉米笋50克，洋葱丝、柴鱼片各15克

调料

盐1/2茶匙，胡椒粉1/4茶匙，米酒1茶匙

做法

1. 将高汤煮沸后熄火，加入柴鱼片，放置20分后过滤去渣，即成汤底，备用。
2. 虾仁、小墨鱼、玉米笋、香菇分别洗净、汆烫、过凉开水，备用。
3. 取汤锅，倒入做好的汤底煮沸后，放入乌冬面稍煮，再将虾仁、小墨鱼、荷兰豆、玉米笋、香菇及蛤蜊、鱼板、蟹味棒、洋葱丝依序放入，一同以小火煮约3分钟后，加入所有调料拌匀，最后打入鸡蛋即可。

美味应用

海鲜易熟而不耐煮，因此一定要到最后再入锅略煮即可。

美味应用

山药和土豆一样，属淀粉类，烹调时不需要煮至全熟，以便尝到香脆的口感。

山药乌冬面

材料

乌冬面1小包，海苔片适量，蛋黄1个，山药泥少许

调料

水400毫升，味啉 30毫升，酱油20毫升，米酒5毫升，盐1克，柴鱼素2克

做法

1. 将乌冬面放入沸水中煮至熟后捞起、沥干，备用。
2. 取汤锅，将除柴鱼素外的所有调料放入煮沸，再加入柴鱼素后熄火，即成汤汁，备用。
3. 将烫熟的乌冬面条放入碗中，再铺上海苔片，然后慢慢淋上煮好的汤汁，接着铺上山药泥，最后摆上蛋黄即可。

日式炒乌冬面

材料

乌冬面1包（约200克），洋葱丝50克，胡萝卜丝30克，芦笋段40克，豆芽20克，色拉油20毫升，牛肉丝100克

调料

蚝油、酱油各1小匙，白糖1/2小匙

做法

1. 将乌冬面放入沸水中烫热后，捞出沥干，备用；豆芽去蒂洗净，备用。
2. 锅中倒入色拉油烧热，放入牛肉丝、洋葱丝，以大火略炒至香味散出后，加入烫熟的乌冬面。
3. 续炒约2分钟后加入豆芽、胡萝卜丝、芦笋段与所有调料炒匀即可。

天妇罗乌冬面

材料

草虾	2只
茄子	1小段
青辣椒	1/2个
红薯片	3片
南瓜片	2片
乌冬面	适量
昆布柴鱼高汤（做法见15页）	250毫升
味啉	1大匙
酱油	1大匙
海苔丝	少许
七味粉	少许
面粉	适量
色拉油	适量

面糊

低筋面粉	1杯
冰水	1杯
鸡蛋	1个

做法

1. 草虾去头、剥壳(留尾壳)后挑去肠泥，再在虾腹轻划几道斜刀痕后洗净，备用。
2. 茄子洗净横剖，切直条(一头不切断)呈扇形；青辣椒去籽后切大片，备用。
3. 低筋面粉过筛，打入鸡蛋，加入冰水，一同搅拌均匀成面糊，备用。
4. 将洗净后的草虾、茄子条、青辣椒片、红薯片、南瓜片分别均匀地蘸上少许面粉，再蘸上面糊，然后放入180℃的油中炸熟后，捞出沥油，备用。
5. 将昆布柴鱼高汤煮沸，加入味啉、酱油调味，再放入乌冬面烫熟后盛入碗中，然后摆上炸好的草虾、茄子条、青辣椒片、红薯片、南瓜片，最后撒上海苔丝、七味粉即可。

海鲜炒乌冬面

材料

乌冬面200克，牡蛎、虾仁、鱿鱼各50克，墨鱼60克，鱼板2块，葱段10克，蒜末5克，红辣椒片少许，高汤100毫升，色拉油2大匙

调料

盐、胡椒粉各少许，鱼露1大匙，蚝油、米酒各1小匙，鸡精1/2小匙

做法

1. 牡蛎洗净；虾仁洗净，背部轻划一刀后去肠泥；墨鱼、鱿鱼分别洗净、切花纹后再切小片；鱼板洗净切小片；葱段洗净，分葱白和葱绿，备用。
2. 热锅，加入2大匙色拉油，放入蒜末和葱白爆香后，加入洗净的牡蛎、虾仁、墨鱼片、鱿鱼片、鱼板片，快炒至八成熟。
3. 再加入高汤和所有调料煮沸，接着加入乌冬面与葱绿、红辣椒片翻炒入味即可。

韩国炒面

材料

家常面150克，猪肉片、虾仁各50克，辣椒粉1大匙，洋葱、韭菜、黄豆芽各30克，蒜末1/2茶匙，水300毫升，色拉油1.5大匙

调料

酱油1大匙，盐、白糖各1/2茶匙，米酒1茶匙

做法

1. 将家常面放入沸水中汆烫15分钟后，捞出摊凉、剪短；虾仁用盐搓揉后冲水洗净、沥干；洋葱洗净切片；韭菜洗净切段，备用。
2. 取锅烧热后，倒入1.5大匙色拉油，放入洋葱片、蒜末与辣椒粉炒匀，再放入猪肉片炒至肉色变白后，放入虾仁、黄豆芽略炒。
3. 再于锅内加水、剪短的家常面与所有调料，以小火炒至汤汁略干后，放入韭菜段拌匀即可。

美味应用

家常面烫过后摆在一旁放凉时，可用电风扇吹凉或过凉开水，这样煮出来的面条口感会更好。

韩国鱿鱼羹面

材料

泡发鱿鱼 1条
干香菇 3朵
金针菇 30克
干黄花菜 10克
油蒜酥 10克
胡萝卜丝 50克
柴鱼片 8克
高汤 2000毫升
香菜 少许
油面 150克

调料

盐 1.5小匙
白糖 1小匙
鸡精 1/2小匙
淀粉 50克
水 75毫升
辣油 少许

（做法见21页）

做法

1. 泡发鱿鱼洗净，将头部切成小段，身体先斜刀切出花纹，再切成小片状，备用。
2. 干香菇洗净泡软后切丝；金针菇去须根后洗净；干黄花菜泡软洗净后去蒂。
3. 将香菇丝、金针菇、黄花菜和胡萝卜丝一起放入沸水中略汆烫至熟后，捞起放入盛有高汤的锅中，以中大火煮至沸腾，再加入盐、白糖、鸡精、柴鱼片、油蒜酥及鱿鱼段、鱿鱼片，续以中大火再次煮至沸腾。
4. 将淀粉和水调匀，缓缓淋入锅中，并不断搅拌至完全淋入，待再次沸腾后，淋上辣油，即为韩国鱿鱼羹。
5. 将油面放入沸水中稍汆烫，立即捞起沥干，盛入碗中，再加入适量的韩国鱿鱼羹，最后加入香菜增香即可。

韩式BB面

材料

韩式冷面	110克
韩式拌酱	适量
豆芽	150克
小黄瓜	1条
韩式泡菜	100克
牛肉条	70克
水煮鸡蛋	1个
盐	适量
陈醋	少许
白胡椒粉	少许
色拉油	适量

做法

1. 将韩式冷面放入沸水中煮约4分钟至熟后，捞起冲凉开水至完全变凉，并洗去淀粉质，再沥干盛入盘中。
2. 煮一锅沸水，加入少许盐、陈醋，再将豆芽洗净后放入烫熟，然后捞起沥干；小黄瓜洗净切薄片，再撒上少许盐，待其软化后洗去盐渍并扭干。
3. 将烫熟的豆芽、软化后的小黄瓜片分别加入适量韩式拌酱拌匀，备用。
4. 牛肉条撒上少许盐、白胡椒粉，备用。
5. 取锅，加入适量色拉油烧热后，放入处理好的牛肉条炒熟，再加入适量韩式拌酱拌匀。
6. 将冷却后的韩式冷面与剩余韩式拌酱拌匀后，放入容器中，再摆上拌有韩式拌酱的豆芽、小黄瓜片、牛肉条及韩式泡菜、水煮鸡蛋，即可食用。

韩式拌酱

材料

辣椒酱、白糖各1大匙，米醋1大匙，酱油2大匙，香油1小匙，蒜末100克，葱末、熟白芝麻各适量，姜泥10克，辣椒粉少许

做法

取一容器，将所有材料放入混合拌匀，即成韩式拌酱。